从设计到起版

——CorelDRAW和JewelCAD首饰设计教程

窦 艳 梁 欣
李文雅 朱子君
编著

化学工业出版社
·北京·

内容简介

首饰千百年来一直深受人们的喜爱。如今，珠宝首饰产业处于“制造”向“创造”的转型升级关键期，本书旨在提高珠宝首饰产品设计水平，推动数字技术进步。

本书结合CorelDRAW、Adobe Illustrator 和JewelCAD 软件，通过学习任务形式，详细介绍了首饰设计和起版的基本原理、方法、步骤、技巧和注意事项。

本书适宜从事首饰设计以及相关专业的高等职业院校学生使用，以及供首饰相关专业设计人员参考。

图书在版编目（CIP）数据

从设计到起版：CorelDRAW和JewelCAD首饰设计教程 / 窦艳等编著. -- 北京 ：化学工业出版社，2024. 11.
ISBN 978-7-122-46502-3

Ⅰ. TS934.3-39

中国国家版本馆CIP数据核字第20248GY899号

责任编辑：邢　涛
文字编辑：沙　静　张瑞霞
责任校对：李　爽
装帧设计：韩　飞

出版发行：化学工业出版社
（北京市东城区青年湖南街13号　邮政编码100011）
印　　装：北京瑞禾彩色印刷有限公司
710mm×1000mm　1/16　印张 10¼　字数 220 千字
2024 年 11 月北京第 1 版第 1 次印刷

购书咨询：010-64518888　售后服务：010-64518899
网　　址：http://www.cip.com.cn
凡购买本书，如有缺损质量问题，本社销售中心负责调换。

定　　价：88.00元

前言

当前，珠宝首饰产业正处于从“制造”迈向“创造”的转型升级关键期，需要积极推动新设计、新技术与新工艺，持续提升珠宝首饰的品质与附加值。随着智能制造技术的不断演进，珠宝首饰行业的设计人才需要具备专业的知识，人才需求也随之产生重大转变。

数字技术的持续迭代更新，为首饰设计起版赋予了全新的技术途径。矢量图软件 CorelDRAW、Adobe Illustrator 以及融合触屏技术的绘图软件 Procreate 和 Sketchbook 等的应用，已成为首饰设计师必须掌握的技能。2022 年 3 月，Midjourney 软件的出现，标志着 AI 设计技术正式应用于珠宝首饰设计领域。

自 2009 年起，笔者投身于珠宝首饰设计工作与教学之中，既是珠宝首饰设计与起版技术迅速更新变化的见证者，也是从手绘表现设计图到运用软件、人工智能进行珠宝首饰创作的践行者。首饰设计电绘与电脑起版技术凭借其速度快、效率高、尺寸精准、画面效果逼真等优势，已然逐步取代了传统的手绘设计。

“数字素养”的培育，是一个紧跟科技发展，不断进行“自我提升”的过程，它要求每一位珠宝首饰设计从业者，持续学习并不断更新自身的知识与技能。

本教材秉持“活页式”理念，在阐述软件基本操作的基础上，以学习任务的形式，将当前首饰设计和起版岗位必须掌握的设计软件 CorelDRAW、Adobe Illustrator 与起版软件 JewelCAD 加以链接，系统阐释如何运用这些软件，完成首饰设计图、工艺图以及起版图的制作。

在本教材的编写过程中，获得了来自珠宝首饰院校与行业资深从业者的大力支持与帮助。他们将丰富的实践经验与行业前沿知识融入教材，力保内容具有良好的职业导向性。其中，CorelDRAW 部分由窦艳与梁欣负责撰写，Adobe Illustrator 部分由李文雅与朱子君负责撰写，JewelCAD 部分由窦艳撰写，另外，孟子渊和许绍华做了辅助工作。书稿由窦艳负责统稿并付梓。

在此，我们要特别感谢王昶教授的支持与帮助，在教材的撰写过程中，他提出了许多重要的指导建议，稿成后又对书稿进行了认真的审阅，他的认真负责对书稿质量的提升起到了一定的作用。

本教材内容丰富、条理清晰，为学生们提供了优质的学习资源，后续我们仍将依据市场产品设计的变化，持续更新与充实案例内容。

我们期待着本教材的出版能在珠宝首饰设计的教学与实践中发挥一定的作用，助力珠宝首饰行业不断向前发展。但我们也深知本教材还存在不足之处，敬请各位专家、读者不吝赐教，我们定当虚心接受并不断改进，以期能为大家带来更优质的内容。

窦　艳

2024 年 5 月 23 日

目录

绪论

首饰产品的设计因生产工艺的精细与复杂，对设计师提出更高更全面的要求。设计师不仅要有好的创意和良好的设计能力，更要对首饰产品的材质、工艺、生产流程等谙熟于心，这样才能在兼顾产品的美观性和独特性的同时，保证产品的可生产性。

近年来，随着各种多媒体软件的应用，首饰设计效果图也更美观、更逼真，同时，使得首饰设计的工作流程更高效、更精准。

一、首饰绘图软件分类

首饰设计常用的软件主要分为两类，一类是设计绘图软件，如 Procreate、Sketchbook、CorelDRAW 和 Adobe Illustrator 等；另一类是起版制图软件，如 JewelCAD、Matrix 等。除此以外，为了达到更好的设计效果，Adobe Photoshop、Zbrush 等平面设计和 3D 设计软件也应用于首饰设计与起版，但这些软件不仅限于首饰设计领域。

常用的首饰绘图软件介绍如下。

1. 设计绘图软件

（1）Procreate 和 Sketchbook

这两款软件可在平板电脑上安装，并需要配备专用触屏笔使用。

这两款软件的作用，主要是完成首饰设计的效果图绘制，具有绘制速度快、绘图效果好的优点，适合进行首饰设计、首饰效果图绘制。Procreate 功能更全面，适合绘制完整的首饰效果图；Sketchbook 在绘制线条方面更有优势，因此常用于绘制复杂的珠宝首饰的线稿图。两款软件兼容性很好，很适合结合使用。

（2）CorelDRAW和Adobe Illustrator

这两款软件安装于电脑端，可根据个人习惯使用鼠标或结合触控板操作。

CorelDRAW和Adobe Illustrator都是矢量图软件。矢量图软件的特点是可以保证图件绘制的清晰度和准确性，适合专业的工艺图绘制。这两款软件都能够绘制出流畅的线条，清晰准确地表现珠宝首饰产品的造型与结构。虽然两款软件属于不同的公司，在操作和使用上有所不同，但在首饰设计中的应用大致相同。

2. 起版制图软件

（1）JewelCAD

JewelCAD是用于珠宝首饰起版的专业化电脑软件，具有操作简便、稳定性好、高度专业化和高效率的特点，软件内已经有创建好的各种首饰、配件、镶口等资料库文件。除此之外，根据各个企业生产产品特点不同，首饰起版者还可以根据个人操作习惯，不断地扩充有关的可视资源库。在商业珠宝首饰领域，JewelCAD是认可度最高、应用最为广泛的首饰起版软件。JewelCAD的缺点是软件受控制点影响，导致做动物花卉等形象性的图案不够生动，无法满足更多样化的设计造型需求。

（2）Matrix

Matrix珠宝设计软件是美国公司在Rhino软件的基础上开发出来的，从强大的NURBS曲面Script功能伸展，Matrix可自动记载每一个绘图制作步骤，同时Rhino软件强大的渲染功能优势，可以做出比JewelCAD更逼真的产品效果图。同时，具有自动排石、线上排石和宝石测量等辅助功能。经过几年的发展，很多珠宝设计师将Matrix与JewelCAD结合使用，满足更多的起版制图需求，甚至基本取代了手工雕蜡，大幅提高了生产效率。相比JewelCAD，Matrix虽然操作相对复杂，但可以随意在需要的位置增减控制点，调节简单，视图清晰，能更好地调整形态，满足了动物、花卉等复杂类型的设计起版需求。

二、珠宝首饰绘图软件应用

想要了解珠宝首饰绘图软件的应用，首先应当了解首饰的生产流程，了解每种软件在生产流程中的作用，才能更好地理解软件如何应用。

首饰生产要经过设计、起版、制作、质检等工作步骤（见图 0-1）。其中制作环节包括：压模、铸造、执模、镶嵌、车磨打、电镀等工序，本书中不做赘述。

珠宝首饰绘图软件主要应用于首饰生产中的起始环节——设计和起版。设计和起版决定了首饰产品的造型、结构、工艺要求、材料成本等因素。设计绘图软件主要完成产品造型和结构的部分，起版制图软件则要考虑成型和结构，也要将工艺要求、材料成本一起考虑进去。

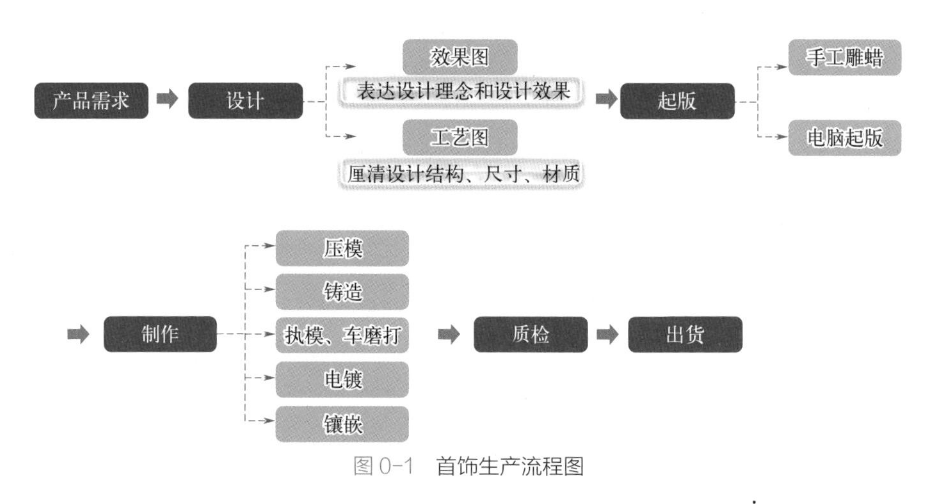

图 0-1 首饰生产流程图

1. 设计绘图软件的应用

虽然都是设计绘图软件，但是两类软件的应用还是有所不同的。

Procreate 和 Sketchbook 都是位图软件，具有很强的绘图表现力，在绘制首饰效果图方面，模拟手绘线稿、马克笔、水彩等风格都非常逼真生动，可以绘制出手绘感很强的首饰设计图，同时也可以绘制首饰实物图的效果，还可以借助图文素材做出主题风格突出的海报效果。无论是用于作品展出参赛还是与客户沟通产品效果，都提供了极大的便捷，是首饰设计师非常喜爱的软件，也是首饰设计主要应用的软件。

CorelDRAW 和 Adobe Illustrator 是矢量图软件，表现力方面不如上述两款位图软件。相对于突出的画面效果，较大规模的首饰生产企业对设计图的要求是，需要提供清晰的工艺结构和准确的金属部件与宝石尺寸。矢量图的清晰度和软件参数的精准度刚好可以满足这样的要求。绘制精准的设计工艺图，可以与起版制图工作相衔接，大大地减少起版人员排石、换算尺寸的工作量，大幅度提高工作效率。

2. 起版制图软件的应用

JewelCAD 是专门用于珠宝首饰起版的专业化电脑软件，由于其效率高、专业性强，受到了国内大量珠宝首饰行业从业人员的喜爱和广泛使用，因此在珠宝首饰行业中积累了大量的相关素材，尤其是在现代首饰的绘制上。软件独特的点、线、体建模方式，对于当代珠宝首饰和流行饰品都能很好地表达。软件的模型图能适配各种 3D 打印机和 CNC 加工机器，对于整个生产流程有很好的支撑作用。

本书将主要介绍目前行业应用较为广泛的设计制图软件 CorelDRAW、Adobe Illustrator 和起版制图软件 JewelCAD 。

CDR

第一章

CorelDRAW

CorelDRAW 软件首饰设计概述

一、软件概述

CorelDRAW 是一款平面设计类矢量图形制作工具软件，这个软件给设计师提供了矢量动画设计、页面设计、网站制作、位图编辑和网页动画设计等多种功能。该软件界面设计简洁，操作精微细致，还提供给设计者一整套绘图工具，包括圆形、矩形、多边形、方格、螺旋线，并配合塑形工具，对各种基本形作出更多的变化，如圆角矩形、弧、扇形、星形等。另外，还提供了特殊笔刷，如压力笔、书写笔、喷洒器等，这些功能弥补了手绘设计图的不足，可以更高效、更精准地完成首饰设计图和工艺结构图。

二、CorelDRAW 首饰设计绘图基本操作

1. 工作界面区域分布

CorelDRAW 的工作界面分布，如图 1-1 所示。

（1）文件菜单　最常用的是：新建文件、打开和保存功能。这三个功能的快捷键与其他软件相同，分别是 Ctrl+N，Ctrl+O，Ctrl+S。

另外有两个很重要的功能：导入（Ctrl+I）和导出 (Ctrl+E)，这两个功能

可以很方便地保证文件不同格式的兼容性，主要用于矢量图与位图格式的互相转换（图 1-2）。

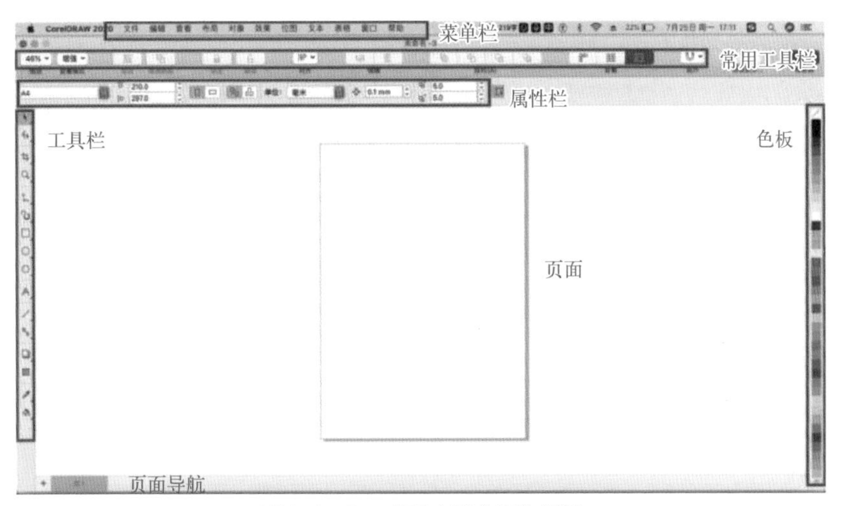

图 1-1　CorelDRAW 的工作界面

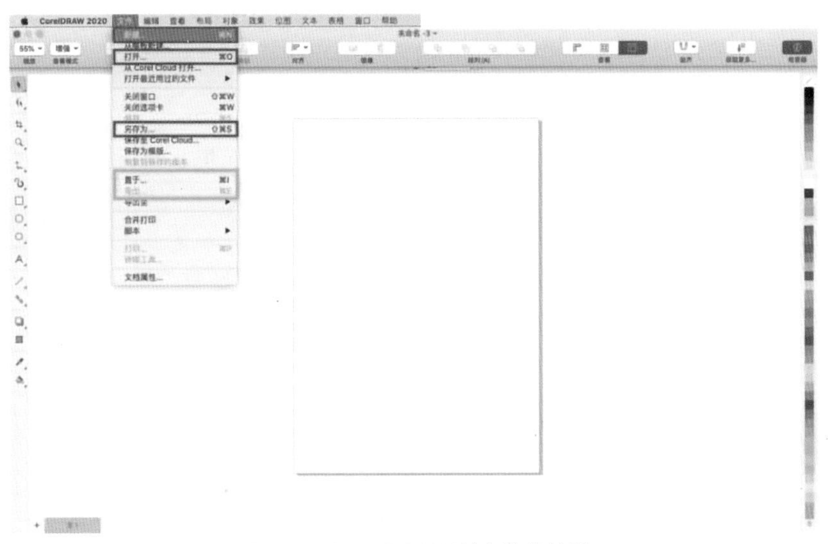

图 1-2　CorelDRAW 的文件菜单栏

（2）贴齐选项　在移动对象时通常打开贴齐选项，辅助贴齐位图像素、文档网格、基线网格、辅助线、对象或者页面边缘。

小贴士

在首饰绘制的过程中，经常需要绘出三视图，也需要形体位置非常准确，建议将贴齐选项中的“辅助线”和“对象”两个选项进行勾选（图 1-3），这样在移动对象时，可以智能贴附在辅助线或者形体的边缘或中心位置。

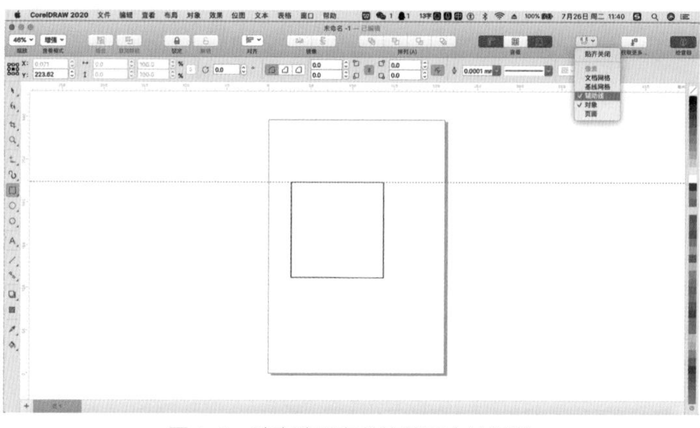

图 1-3 贴齐选项在首饰绘图中的设置

2. 工作界面：首饰设计操作设置

（1）微调距离 微调距离对话框位于文件属性面板。通过键盘上的光标键，实现对象的上、下、左、右位移，如图 1-4 所示。

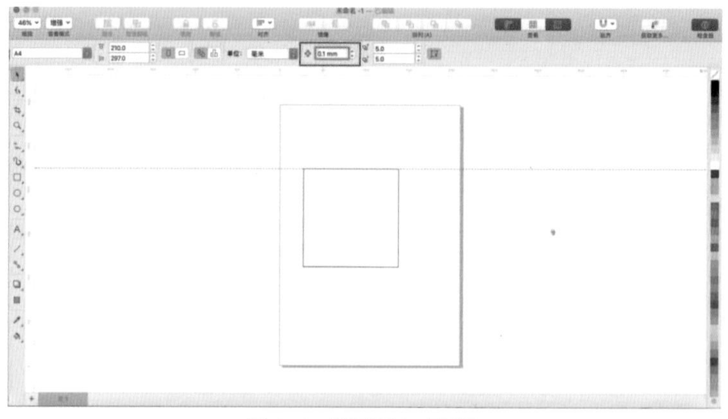

图 1-4 微调距离对话框

小贴士

1. 首饰图中的元素移动幅度较小，可设置参数为 0.1mm。

2. 如果遇到镶嵌排石等情况，可以原地复制后，设置偏移参数为宝石的大小后按光标键移动，可以保证位移的准确度。

（2）对象参数　选中对象后，对象参数属性栏会显示对象的坐标、大小、长宽比例、对象旋转角度和反转方式等，如图 1-5 所示。

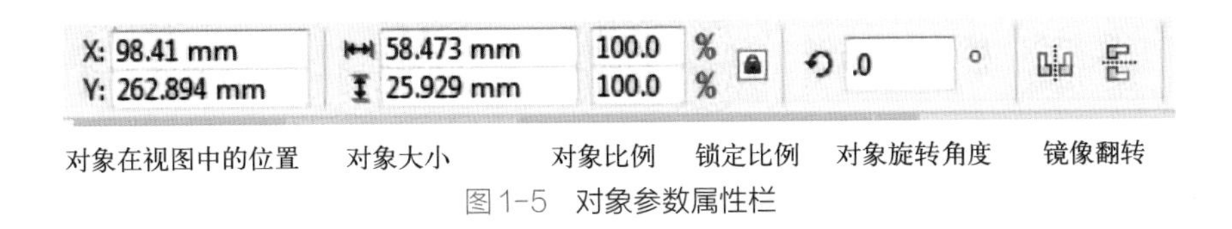

图 1-5　对象参数属性栏

（3）轮廓参数　选中对象可在轮廓参数属性栏设置轮廓线的粗细和线形，如图 1-6 所示。

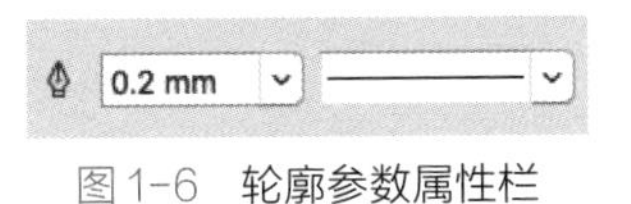

图 1-6　轮廓参数属性栏

（4）色板　色板的界面，如图 1-7 所示。选择颜色单击鼠标左键设置对象的面色，选择颜色单击鼠标右键设置对象的线色。

图 1-7　色板

（5）合并、修剪、相交、对齐　针对多个对象或对象关系的应用，合并、修剪、相交、对齐的工作界面，如图 1-8 所示。

图 1-8　合并、修剪、相交、对齐属性栏

合并：选中两个或多个对象可合并组合（最后选取要运用属性的对象）。

修剪：选中剪切用的对象，最后选取被剪切的对象（剪切后的对象属性将设置为被剪切的对象属性）。

相交：选中两个或多个对象可相交（相交的对象属性将设置为最后选取的对象属性）。

对齐：可对选中对象进行上、下、左、右中间对齐和进行均匀分布。

群组： 选中多个对象单击鼠标右键，将多个对象组合为一组，并且不会影响原有属性。

取消群组： 选中已群组的对象，单击鼠标右键，将群组对象恢复为单独对象。

小贴士

工具快捷键

平移工作区域：按下鼠标滚轮移动鼠标。

任意位置复制 : 按鼠标左键拖住要复制的对象移动到要复制的位置，单击鼠标右键，即可复制。

原地复制 :Ctrl+C，Ctrl+V。

重复：Ctrl+R。

保存：Ctrl+S。

对齐：上对齐 T，下对齐 B，左对齐 L，右对齐 R。

群组：Ctrl+G。

取消群组：Ctrl+U。

三、课后讨论

每个小组收集 5 ～ 10 张由 CorelDRAW 完成的设计作品，思考这些作品都运用了哪些工具和方法；分析这些作品，小组讨论为什么这些作品需要用这个软件来完成。

CorelDRAW 中常见的绘图工具有：形状绘制工具和线条绘制工具。本次任务主要介绍形状绘制工具，大家不但要学习通过形状工具绘制不同形状，还要灵活运用，通过不同形状的组合方式制作不同的形状。

一、工具介绍

1. 选择工具

（1）选择工具的使用　主要用于移动和旋转对象（图 1-9）。使用工具栏任意工具后，按空格键可由任意工具切换为移动工具。

（2）移动对象和改变形状大小　选中对象，点击选择工具，对象四周出现 8 个实心方块，此时可以拖动鼠标移动对象，也可以拖拉选中的节点改变对象形状和大小（图 1-10）。

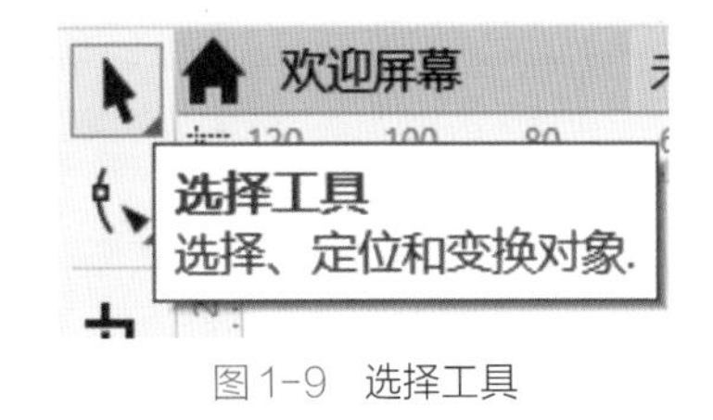

图 1-9　选择工具

（3）旋转和透视　使用鼠标双击左键选择对象，对象四周出现 8 个有方向的箭头和一个中心点（图 1-11），拖动鼠标可以对形状进行旋转和透视操作，还可以编辑中心点的位置，更改对象旋转时的中心点。按 Ctrl+ 鼠标左键，是以 15° 的倍数旋转。

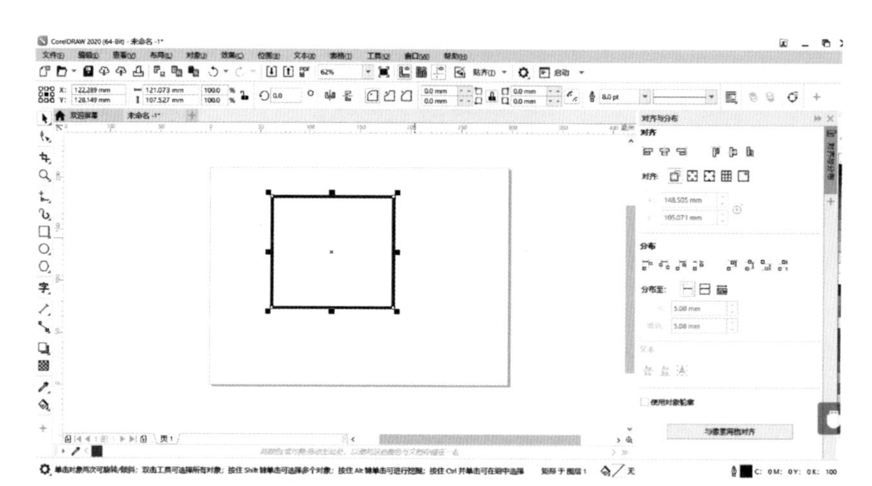

图 1-10　移动对象和改变形状大小

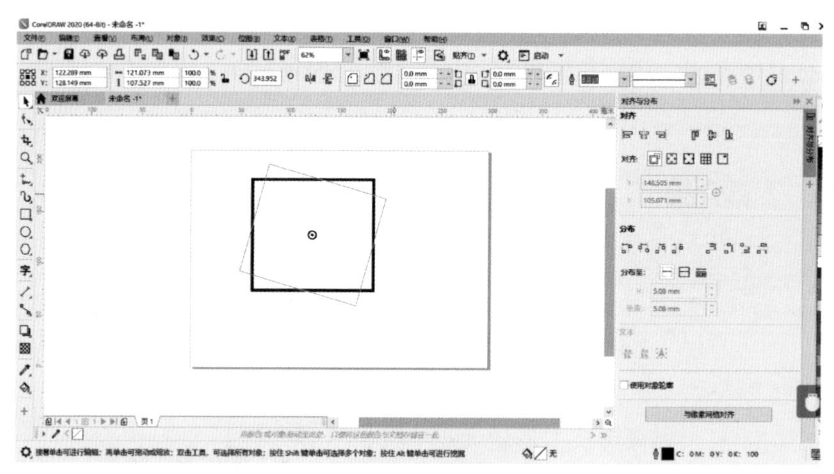

图 1-11　旋转和透视状态

2. 矩形工具

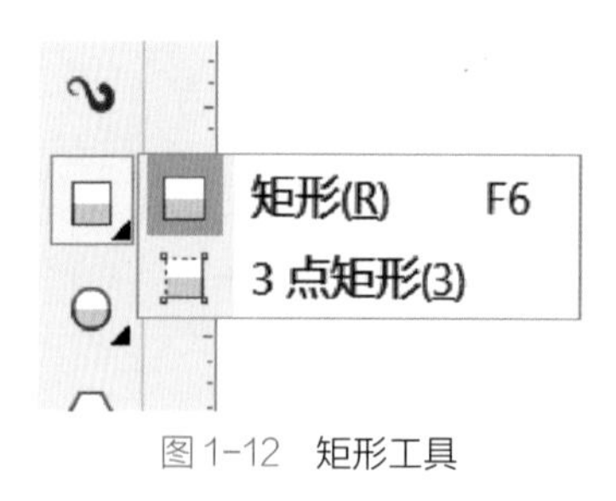

图 1-12　矩形工具

（1）矩形工具的使用　矩形工具包括：矩形和 3 点矩形两个功能，常用的是矩形工具（图 1-12）。

（2）矩形工具的快捷键　绘制矩形时，按住 Ctrl 为正方形，按住 Shift 为中心缩放（图 1-13）。

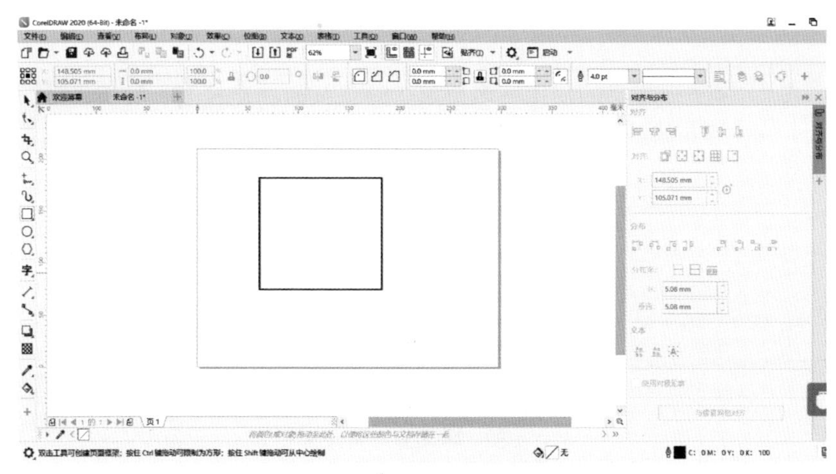

图 1-13 矩形工具绘制矩形

3. 椭圆形工具

（1）椭圆形工具的使用　椭圆形工具包括：椭圆形和 3 点椭圆形两个功能，常用的是椭圆形工具（图 1-14）。

（2）椭圆形工具的快捷键　绘制椭圆形时，按住 Ctrl 为正圆，按住 Shift 为中心缩放（图 1-15）。

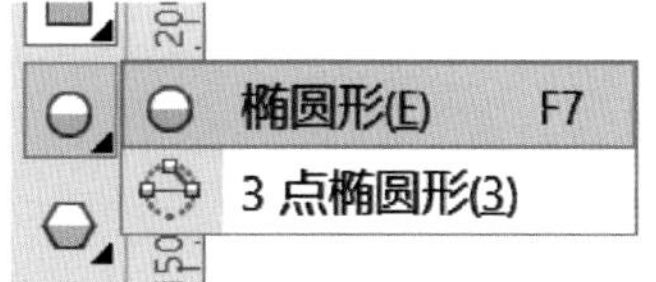

图 1-14 椭圆形工具

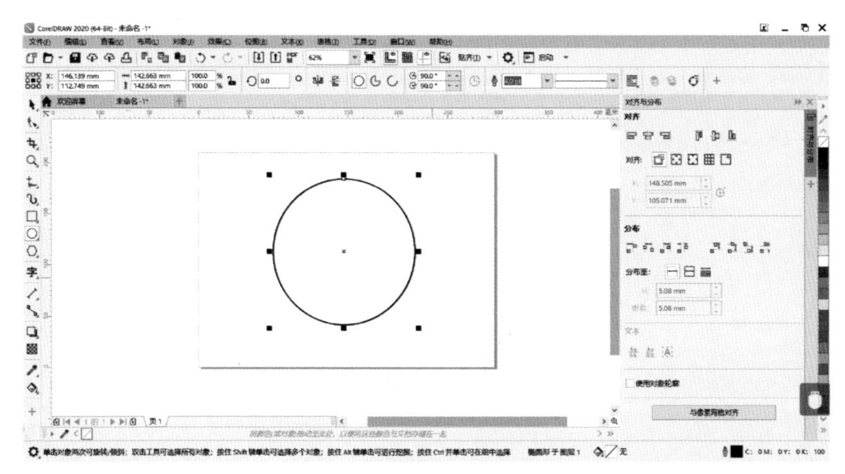

图 1-15 椭圆形工具绘制正圆

4. 多边形工具

（1）多边形工具的使用　多边形工具包括的功能较多，版面设计时会用到流程图、箭头等，在首饰设计制图时常用的为多边形和螺纹（图 1-16）。

图 1-16　多边形工具

（2）多边形工具的快捷键　选择不同的多边形工具，可以绘制不同属性的格子、多边形、螺旋形等（图 1-17）。其中，按住 Ctrl 为正多边形，按住 Shift 为中心缩放。

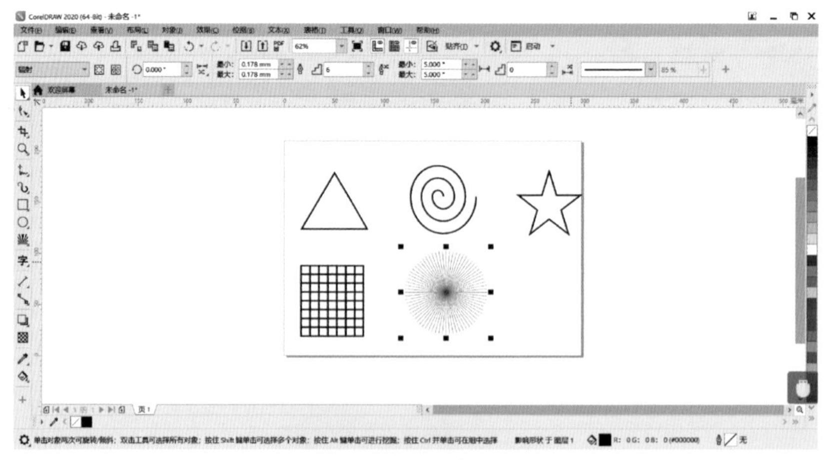

图 1-17　绘制多边形

5. 形状工具

（1）形状工具的使用　形状工具针对矩形、椭圆形、多边形等工具制作的形状对象进行编辑（图 1-18）。

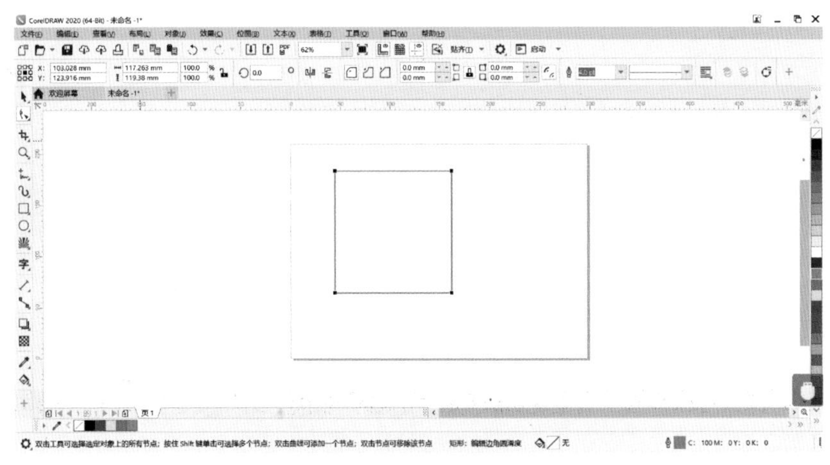

图 1-18　形状工具

（2）形状转为曲线　按 Ctrl+Q 键或选中对象后单击鼠标右键，在下拉菜单选择转换为曲线。当形状转换为曲线后，可以增加或删除节点，也可以点击任意曲线上的节点进行修改。

小贴士

形状工具可用来做首饰设计图中的倒角。

方法如下：形状工具中，打开窗口一角，设置参数为 0.2mm。

工具快捷键

对象转为曲线：Ctrl+Q 键。

二、任务单

1. 对称形状的绘制

在首饰设计中，经常需要绘制对称样式，可以利用手绘工具中的 2 点线辅助完成对称形状的绘制。

（1）绘制正方形　使用矩形工具，按下 Shift 键，绘制正方形（图 1-19）。

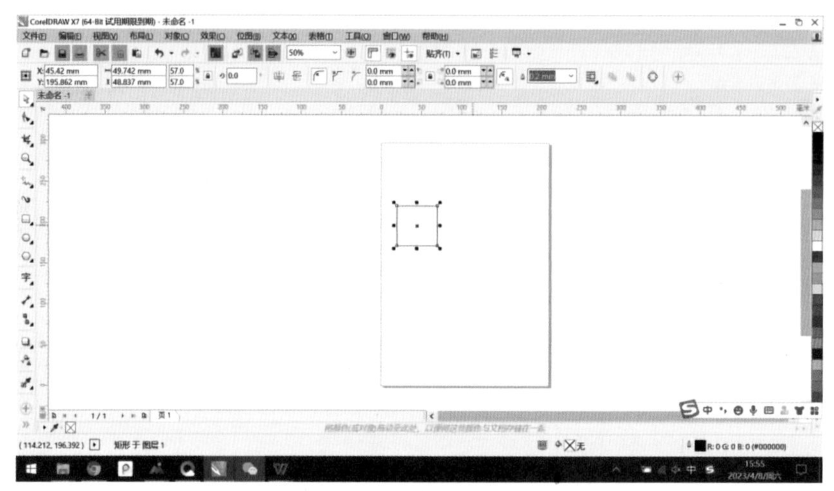

图 1-19　绘制正方形

（2）绘制对称轴　使用手绘工具选择 2 点线工具，在矩形的右侧，按下 Shift 键绘制垂直线，用垂直线作为对称轴（图 1-20）。

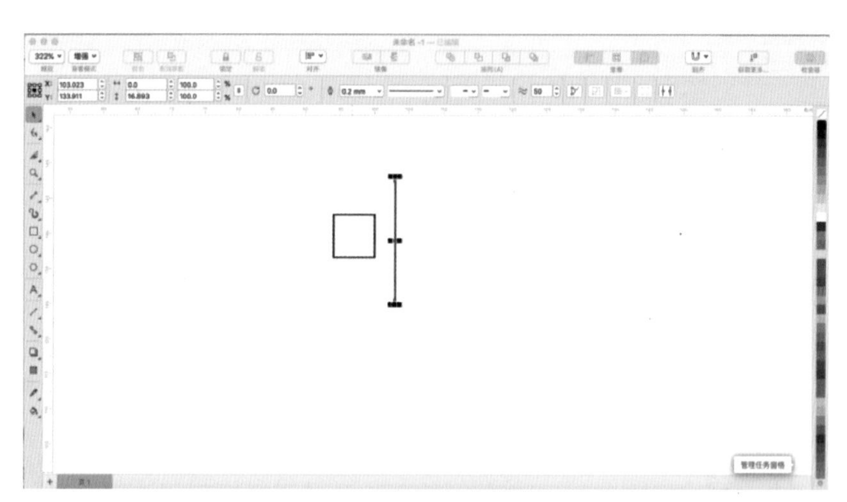

图 1-20　绘制对称轴

（3）复制　使用选择工具，同时选中矩形和直线，按下 Ctrl 键向右侧拖动，同时按下左键复制（图 1-21）。

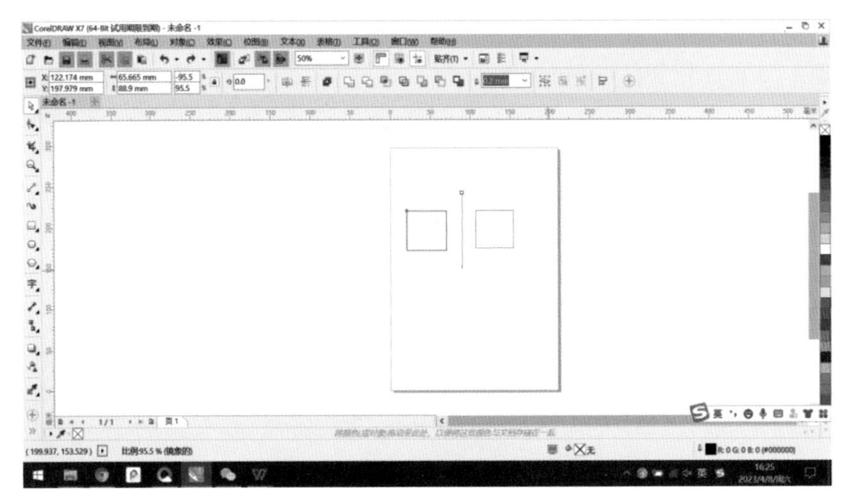

图 1-21 复制

小贴士

在首饰设计图绘制时，经常会遇到很多对称的形体，比如耳环或项链的左右两侧。用两点线作为辅助线进行对称复制的方法非常实用。

2. 多个对象组合形状绘制

用先临摹再创作的方法练习，通过图形工具绘制一个矢量图形(图 1-22)。

这个图形是由一朵云和一个太阳组成的。将云朵和太阳的造型拆分开，可以发现，这两个图形是由很多圆形和矩形组合在一起的。将图形分解后，再分别绘制完成。

图 1-22 临摹范本

（1）绘制白云部分　先绘制大小和位置不同的两个圆形，再绘制一个矩形（图1-23）。

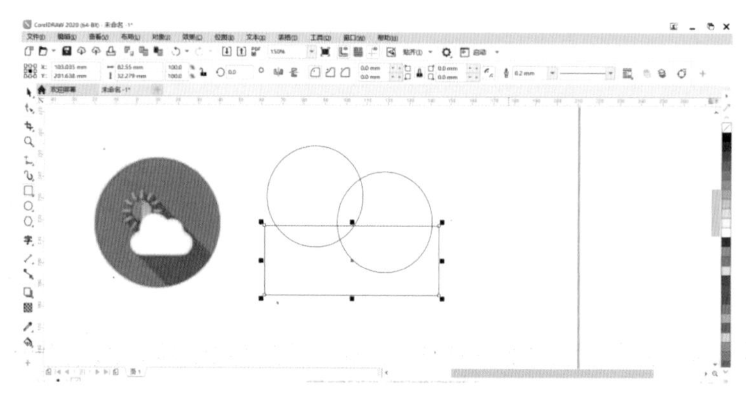

图1-23　绘制组成白云的圆形和矩形

（2）矩形变圆角　使用形状工具，拖动四角节点将矩形变成圆角矩形（图1-24）。

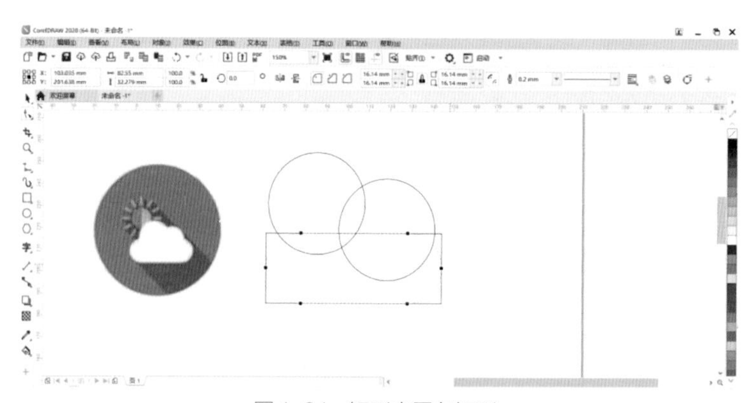

图1-24　矩形变圆角矩形

（3）完成白云的绘制　将三个形状的位置和大小进行微调后焊接，完成白云的绘制（图1-25）。

（4）绘制太阳　先画一个正圆（图1-26）。

（5）复制太阳圆形　为了便于区分，先填充一个橘黄色；随后原地复制一个圆形，填充橘红色。因为两个对象完全重叠，可能我们从工作区域中看不到，但只要移开上面的橘红色圆形，就可以看到现在是两个颜色不同的圆形（图 1-27）。

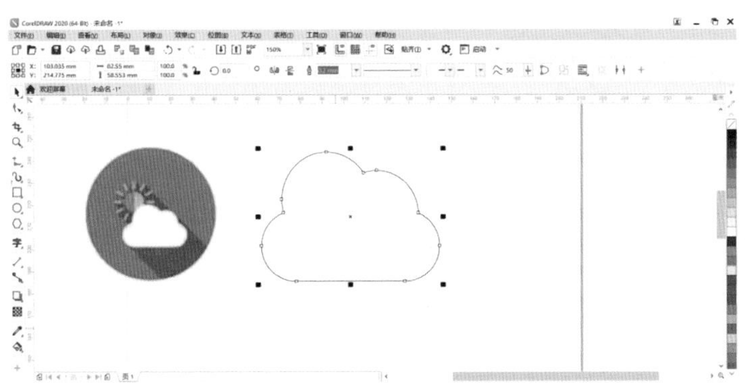

图 1-25 焊接

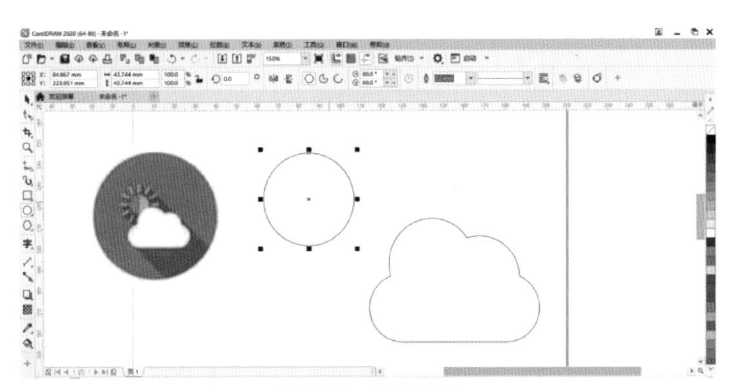

图 1-26 绘制正圆

图 1-27 原地复制圆形

（6）绘制剪切的辅助图形　需要把上面橘红色的圆切割成半圆。先绘制一个矩形，边线要通过橘红色圆的圆心，并且能够完全覆盖半边圆形（图 1-28）。

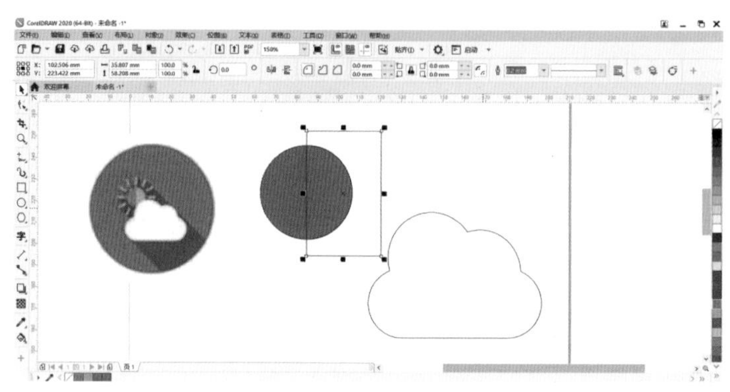

图 1-28　绘制辅助矩形

（7）剪出半圆　同时选中橘红色圆形和矩形，在属性栏中选择修剪，就可以得到一个半圆，和下面的圆重叠，做出颜色变化的效果（图 1-29）。

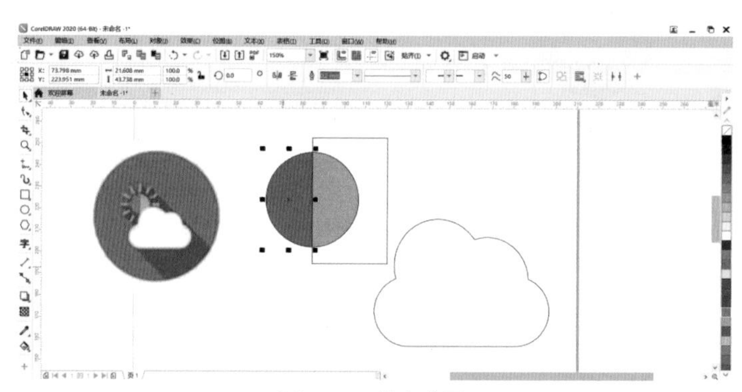

图 1-29　剪出半圆

（8）完成太阳的绘制　删除矩形，然后将橘黄色圆和橘红色半圆群组在一起（图 1-30）。

（9）绘制太阳光芒　先绘制一个小的矩形，与圆形垂直居中对齐；将矩形调整为旋转状态后，把矩形的中心点移动到和圆形的中心点重合，这样才能保证是围着圆形旋转复制矩形的（图 1-31）。

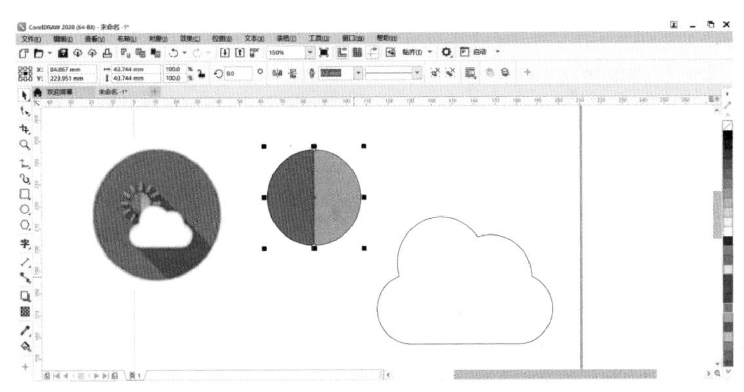

图 1-30 完成太阳

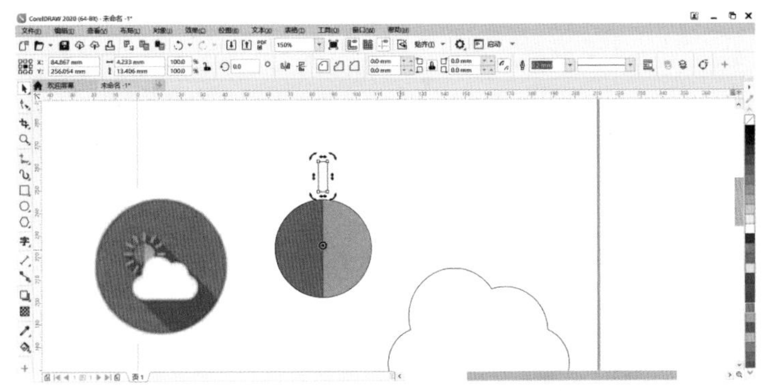

图 1-31 绘制矩形

（10）复制太阳光芒 按下 Ctrl 键移动鼠标，旋转 30°复制矩形（图 1-32）。

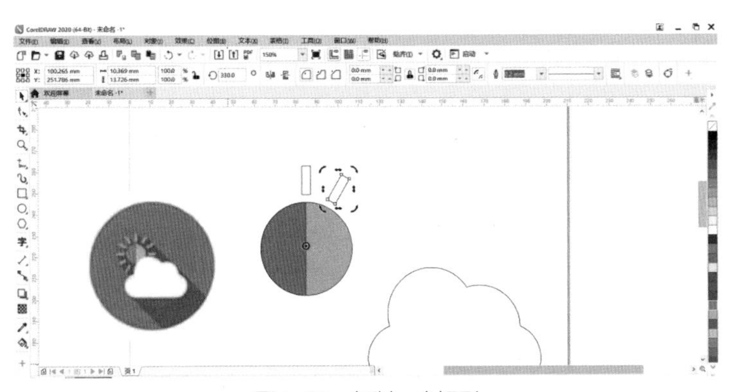

图 1-32 复制一个矩形

（11）再制矩形（再制的快捷键为 Ctrl+D)（图 1-33）。

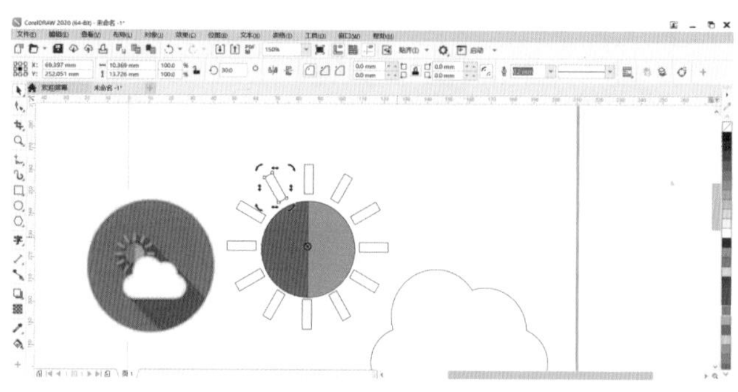

图 1-33　再制矩形

（12）将太阳与光芒部分设置为边为无色，面为橘色，并群组（图 1-34）。

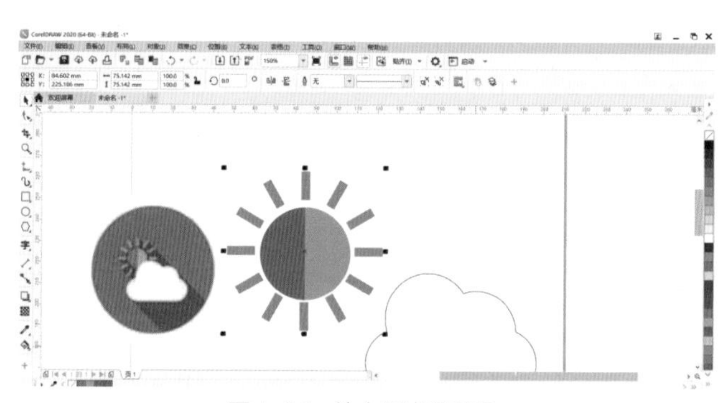

图 1-34　给太阳光芒着色

（13）选中太阳，单击鼠标右键，将太阳置于云朵对象的后面一层（图 1-35）。

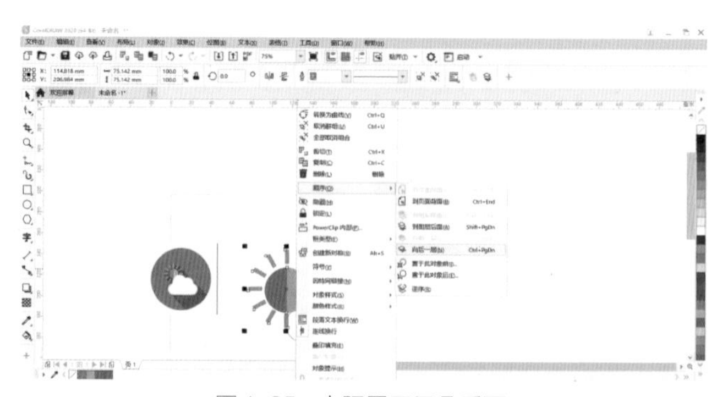

图 1-35　太阳置于云朵后面

（14）绘制两个矩形旋转后作为投影，随后可以将云朵、太阳和投影群组（图 1-36）。

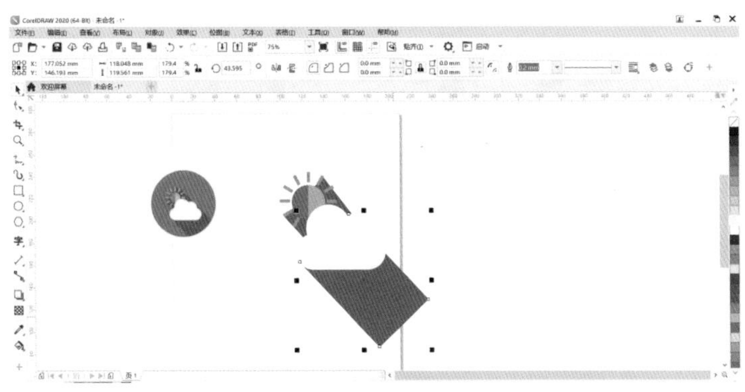

图 1-36 绘制投影

（15）绘制一个圆形，填充浅一点的红色。如果颜色不准确，可直接在色板选择或者按 Ctrl 键用调色板颜色进行调和（图 1-37）。

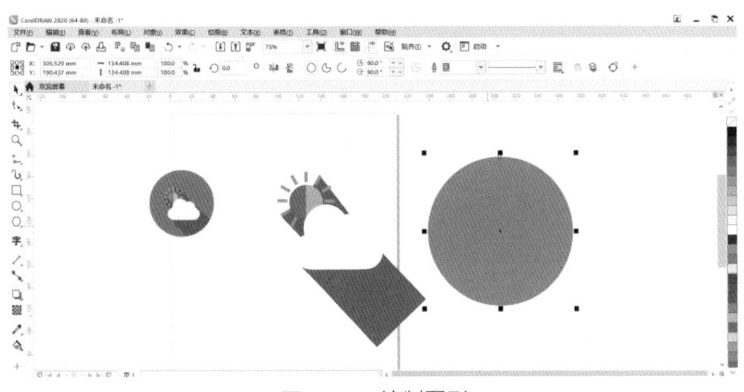

图 1-37 绘制圆形

（16）选中云朵、太阳和投影。单击右键，选择 PowerClip（这个工具在首饰绘图时应用很多，后续还会详细介绍），将云朵、太阳和投影置入圆形（图 1-38）。

（17）PowerClip 工具默认居中设置，需要再次单击右键，选择编辑 PowerClip，调整到合适位置后，单击右键完成编辑（图 1-39）。

（18）完成矢量图绘制（图 1-40）。

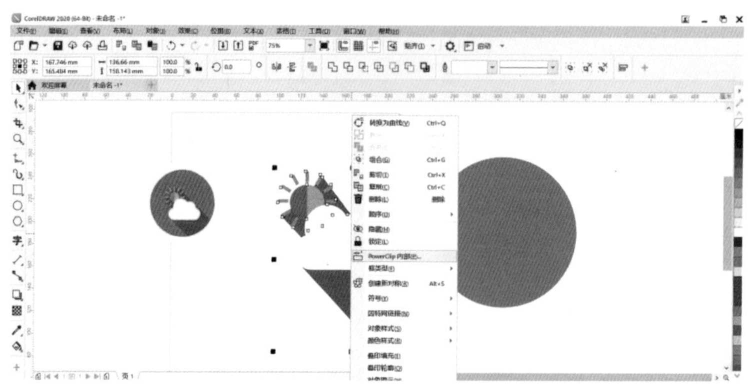

图 1-38　将白云和太阳置入圆形

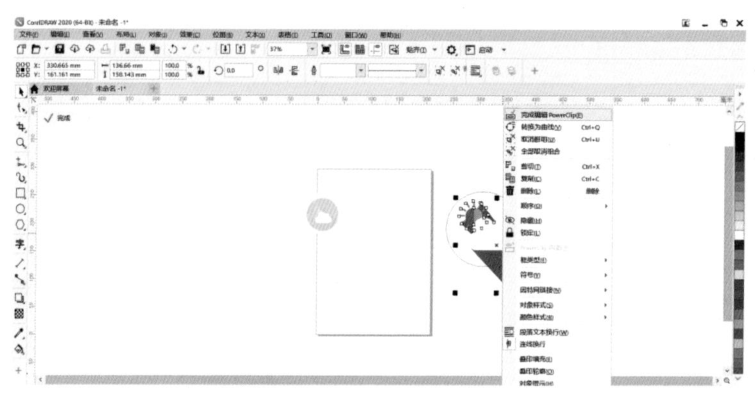

图 1-39　调整白云和太阳的位置

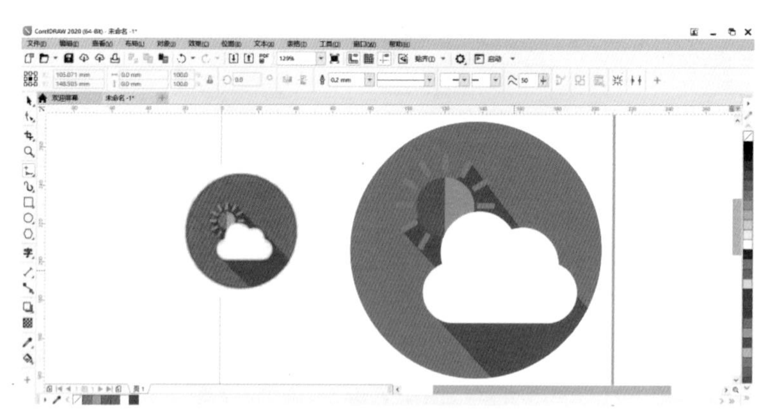

图 1-40　完成绘制

三、课后练习

熟练掌握形状工具的绘制方法及相关工具的使用，用 CorelDRAW 软件完成以下图形的临摹绘制。

CorelDRAW 中常见的绘图工具有：形状绘制工具和线条绘制工具，上一任务主要介绍了形状绘制工具的使用，本次任务主要介绍线条绘制工具。针对首饰设计图绘制，着重介绍手绘工具中的贝塞尔曲线工具。

一、工具介绍

1. 手绘工具的使用

手绘工具中最常用的是 2 点线工具和贝塞尔曲线工具。2 点线工具主要用于画直线。在首饰绘图中，2 点线工具除了可以画造型的直线外，还经常用作绘制对称图形的辅助线。贝塞尔曲线工具与 Adobe 软件中的钢笔工具类似，可以绘制准确形态的轮廓线（图 1-41）。

图 1-41　手绘工具

2. 手绘工具的快捷键

（1）2 点线　移动鼠标 +Shift 键可以绘制垂直或者水平线，移动鼠标 +Ctrl 键可以绘制以 15°的倍数为旋转角度的直线，见图 1-42。

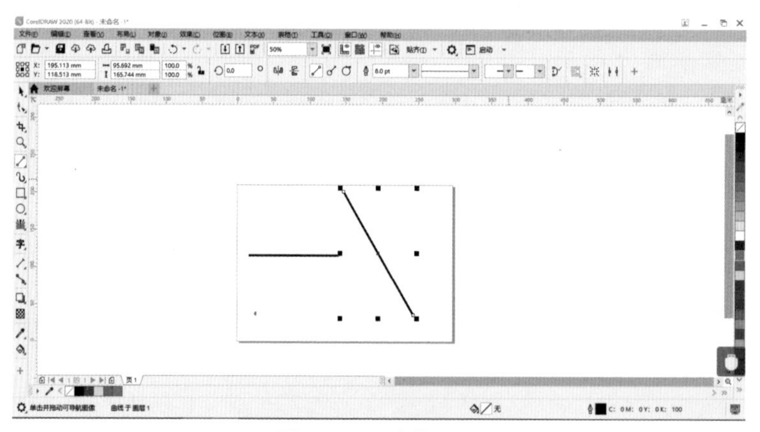

图 1-42　2 点线工具

（2）贝塞尔曲线

点击：绘制尖角节点。

拖动：绘制平滑曲线节点，如移动或编辑节点，要配合形状工具；连接（闭合）曲线，在手绘中经常用来闭合曲线（图 1-43）。

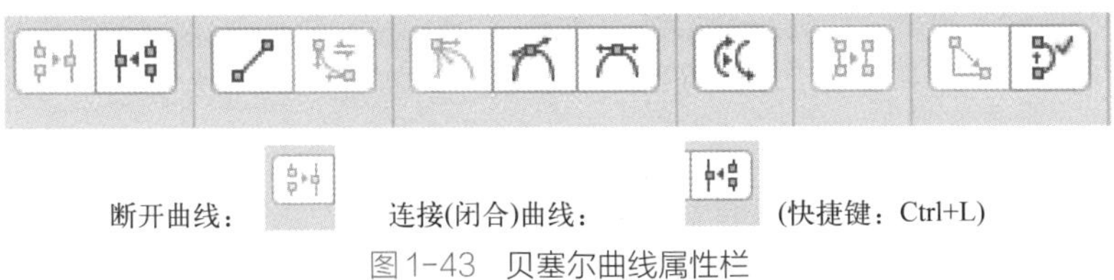

图 1-43 贝塞尔曲线属性栏

> **小贴士**
>
> 工具快捷键
>
> 2 点线：移动鼠标 +Shift 键绘制垂直或者水平线，移动鼠标 +Ctrl 键绘制以 15° 的倍数为旋转角度的直线。
>
> 连接（闭合）曲线：Ctrl+L 。

二、任务单

1. 2 点线绘制

如图 1-44 所示，这个图案是一个典型的轴对称图形，这种类型的传统纹样常用于素金款式的镂空底纹。通过分析可以看出只需要做出图案的 1/8 之后，然后进行旋转复制就可以完成。

（1）将临摹的图片导入 CorelDRAW（图 1-44）。

图 1-44 导入图案文件

（2）将图片调整到适合大小，单击右键将其锁定，避免位移（图 1-45）。

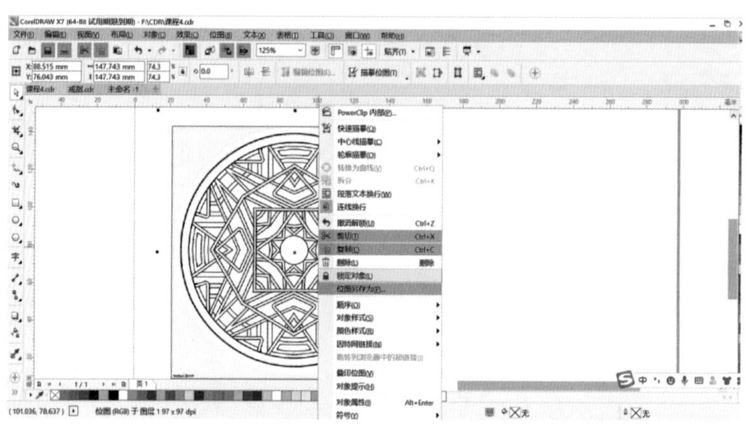

图 1-45　锁定图片

（3）使用矩形工具作为参考，画出辅助线（图 1-46）。

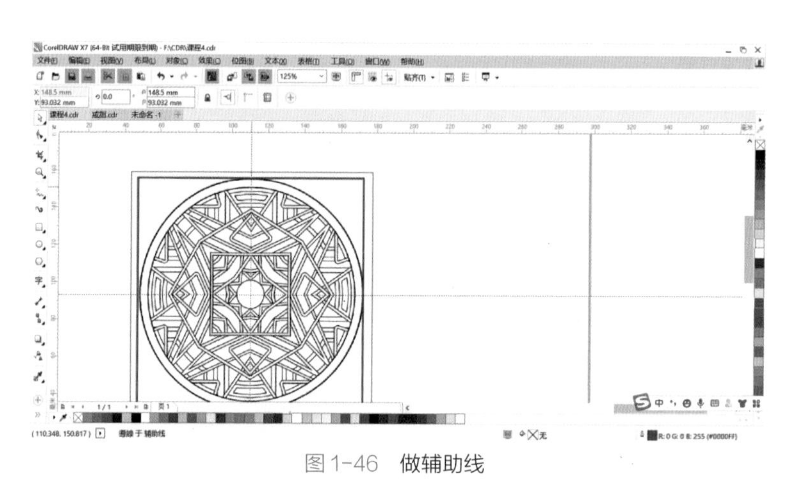

图 1-46　做辅助线

（4）这个图案有三个大小不同的同心圆，由外向内先画出外面的两个大圆（图 1-47）。

（5）随后使用 2 点线工具，由内而外依次画轮廓线，根据临摹图的尺寸在属性栏修改线条的尺寸为 1.5 ～ 2cm 就可以画出对应的线条（图 1-48）。

（6）“对象”菜单栏，选择“将轮廓转换为对象”，将绘制的线条转换为对象，设置为边红色、面无色，可以得到轮廓线稿（图 1-49、图 1-50）。

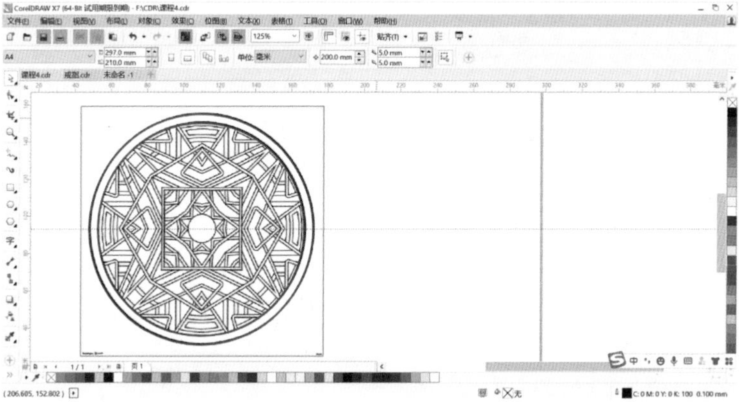

图 1-47 画外圆

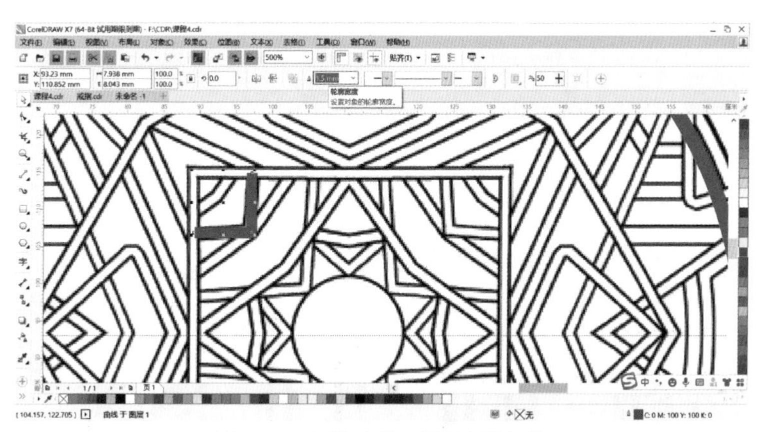

图 1-48 用 2 点线工具画直线部分

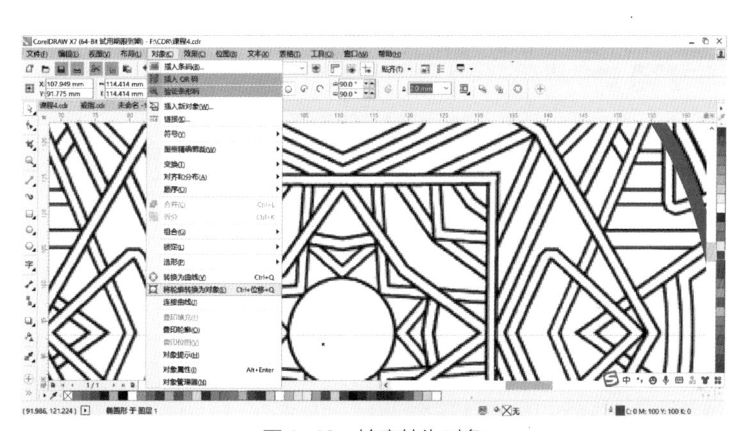

图 1-49 轮廓转为对象

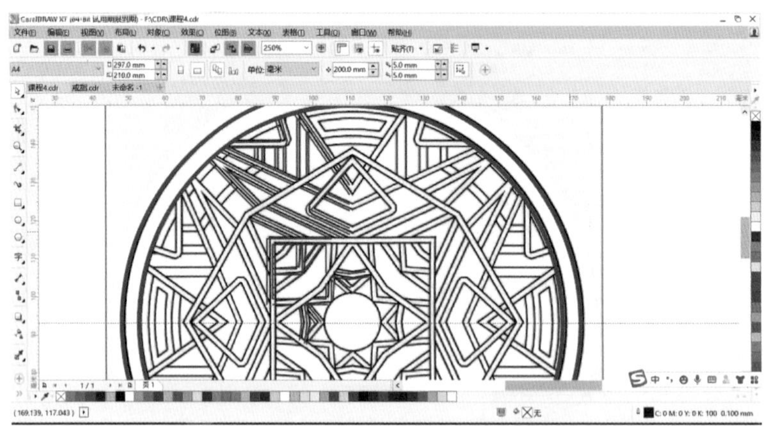

图1-50　设置为边红色、面无色

（7）如果出现线稿出界、节点过多等问题，要使用形状工具对问题节点进行调整（图1-51）。

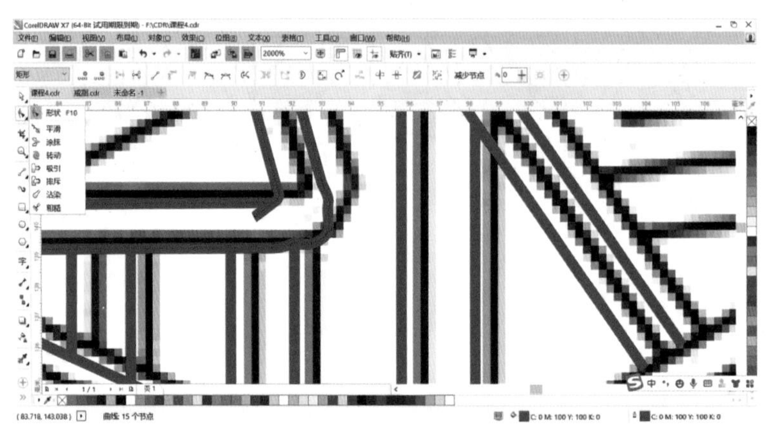

图1-51　调整线稿节点

（8）图案的1/8，绘制完成之后，将它们进行旋转复制，再将未连接的节点按Ctrl+L进行连接，即可完成（图1-52）。

2. 贝塞尔曲线绘制

首饰产品绝大多数都是曲线造型，需要大家非常熟悉使用贝塞尔曲线和图形工具相互配合，完成设计图线稿的绘制。

（1）将案例图片导入并锁定（图1-53）。

图 1-52　旋转复制后完成图案

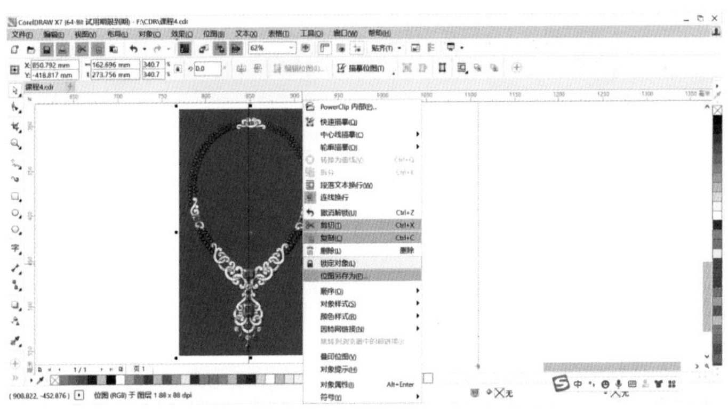

图 1-53　导入图片

（2）项链的造型是左右对称的，可以采用 2 点线绘制对称轴的方法绘制辅助线（图 1-54）。

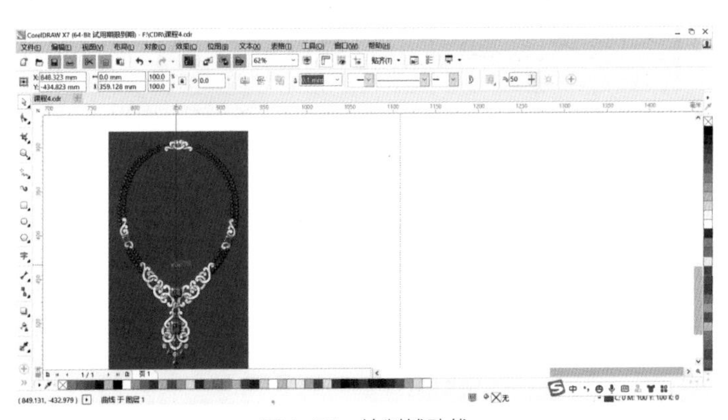

图 1-54　绘制辅助线

（3）先画主石。祖母绿型切工的主石，可以运用前面讲过的形状工具，绘制矩形，然后将矩形对象转换为曲线，用选择工具，在四个角分别添加一个节点并调整完成，再用椭圆形工具绘制四个爪即可（图1-55）。

图1-55　绘制祖母绿主石

（4）用上述同样的方法完成其他几颗水滴形宝石和圆形宝石的绘制，除了在对称轴上的宝石以外，可以只绘制项链左侧的部分（图1-56），后续通过镜像复制完成。

图1-56　绘制水滴形宝石

（5）配石镶嵌的部分。起始部分是一个圆形，后面是一条弧线，所以我们先用椭圆形工具绘制一个圆形，再用贝塞尔工具绘制一条弧线来完成。

移动鼠标+Ctrl键，用椭圆形工具绘制正圆，调整到适合大小。用贝塞尔工具绘制弧线，调节节点与平衡杆，然后将线的大小参数设置为和圆形直径相同（图1-57、图1-58）。

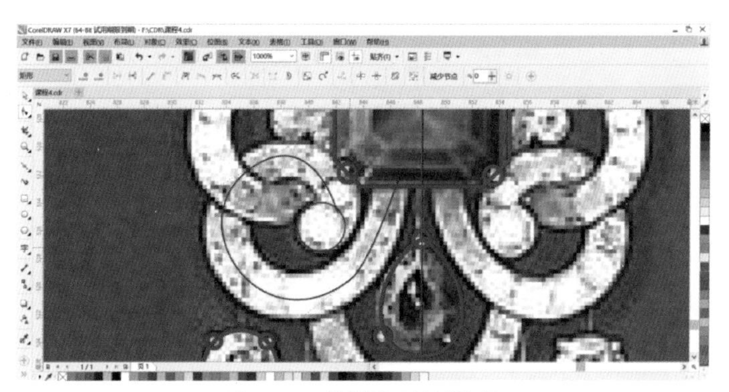

图 1-57 绘制配石镶嵌路径

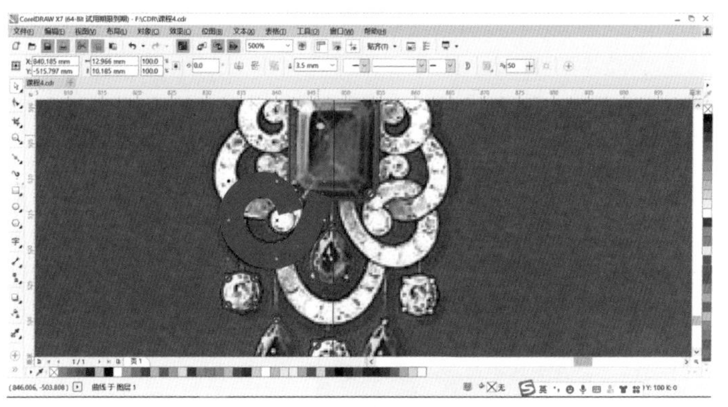

图 1-58 调节路径至适合大小

（6）在“对象”菜单中选择“将轮廓转换为对象”，并设置为面无色，得到碎钻镶嵌轨道的轮廓线。再次调整节点，让线条顺滑（图 1-59、图 1-60）。

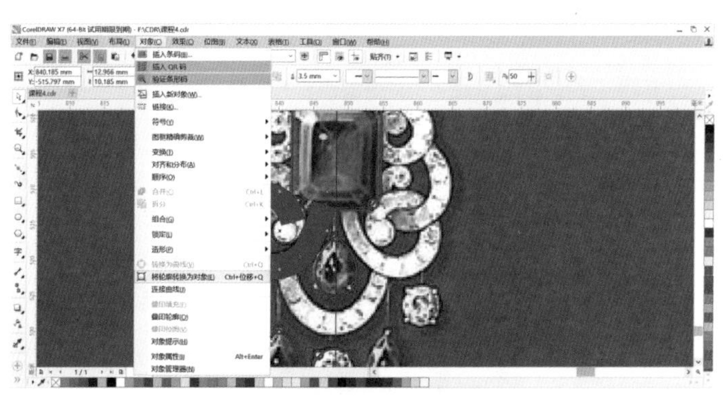

图 1-59 轮廓转为对象

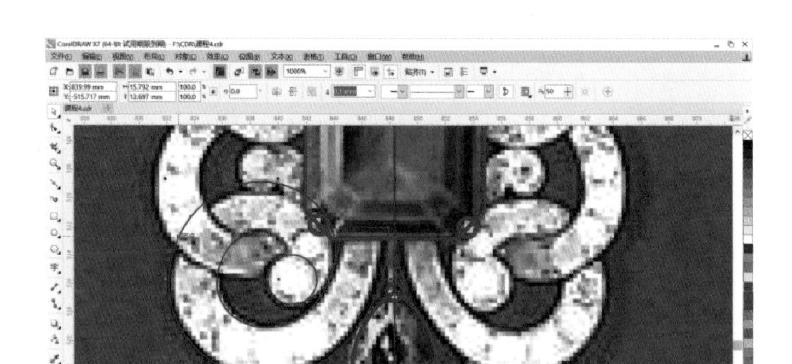

图 1-60　调节至线条顺滑

（7）用同样的方法，依次完成左边线稿（图 1-61）。

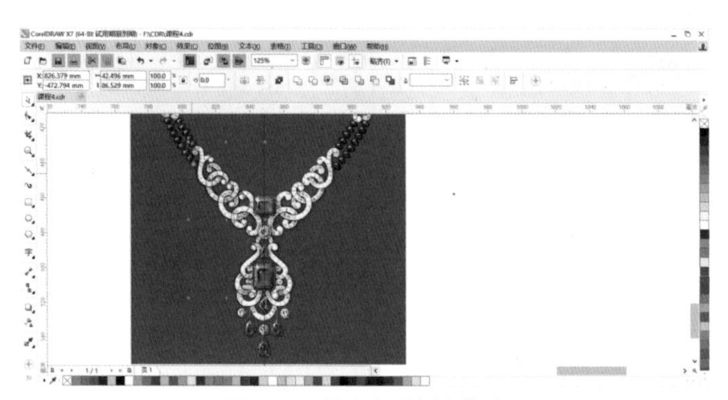

图 1-61　依次完成左边线稿

（8）吊坠的左半边群组，沿对称轴向右边翻转复制，完成主体部分的线稿（图 1-62）。

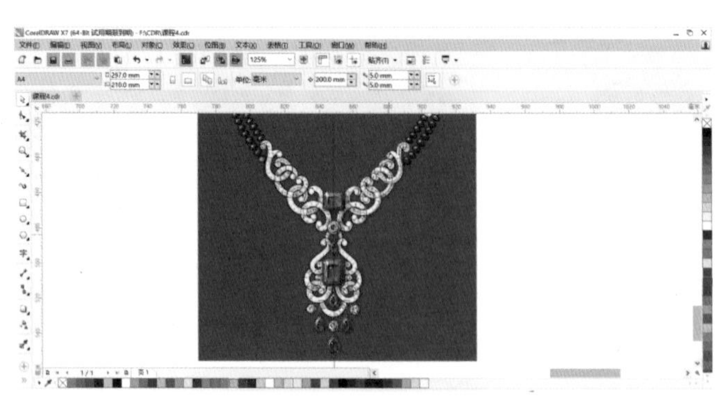

图 1-62　做镜像复制

变换与调和

CorelDRAW 中的变换工具，是一个非常好用的工具，通过使用变换工具可以对图形进行旋转、缩放、倾斜等操作来达到微调细节的目的；调和工具可以使图形产生立体渐变的感觉，给人逼真的视觉效果。

在首饰设计图的绘制过程中，有很多的造型需要呈现重复或者渐变的效果，使用变换和调和工具，再配合使用偏移等工具，便可以绘制这些重复或者渐变的效果。

一、工具介绍

1. 变换工具的使用

变换工具可以对图形进行旋转、缩放、倾斜等操作，达到微调细节的目的。

（1）自由变换　绘制一个图形，然后点击左侧工具栏中的“选择”工具，再选择“自由变换”工具（图 1-63）。

在学习任务一中介绍到移动工具，双击被选中对象后，对象的四周会变成箭头，这时就可以进行自由旋转，也是自由变换的快捷操作方式（图 1-64）。

图 1-63　自由变换工具

（2）变换工具　移动工具还有一个单独的变换工具，点击后会出现变换的属性面板，面板直观地显示可以对对象进行旋转、翻转、复制，以及组合等操作（图 1-65）。

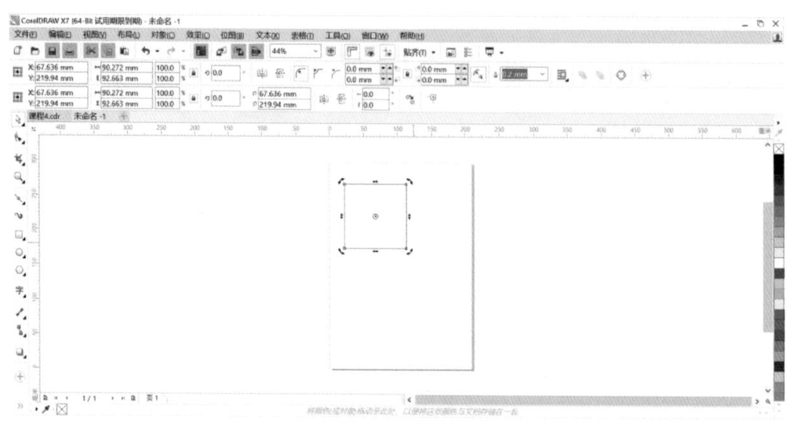

图 1-64　变换效果

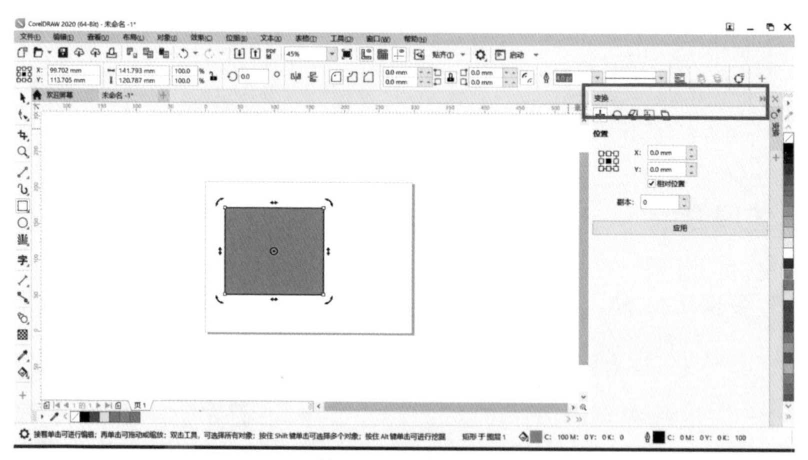

图 1-65　变换面板

（3）变换工具的快捷键　按下 Shift 键或 Ctrl 键，即可水平移动或垂直移动对象。拖动对象时单击鼠标右键，可以在移动的位置复制一个；在旋转模式时，按下 Ctrl 键可以以 15°的倍数旋转；Ctrl+D 键是在旋转的同时复制，在复制一个的基础上，每个复制的间距、方向等参数都是相同的，通常称为再制（图 1-66）。

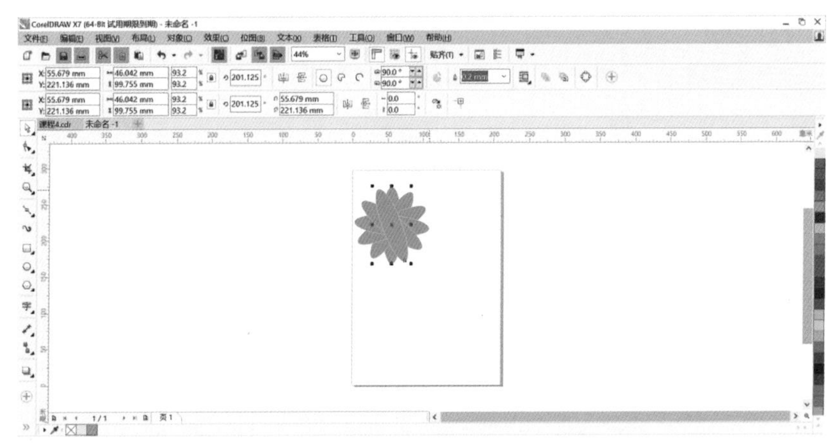

图 1-66 对象再制

2. 调和工具

调和工具也叫混合，调和包括调和两个对象的形状、颜色、轮廓颜色、轮廓粗细和透明度等属性（图 1-67）。

选中要调和的对象，在属性栏中输入数值，可调整要复制出对象的数量、调和样式等（图 1-68）。

图 1-67 调和工具

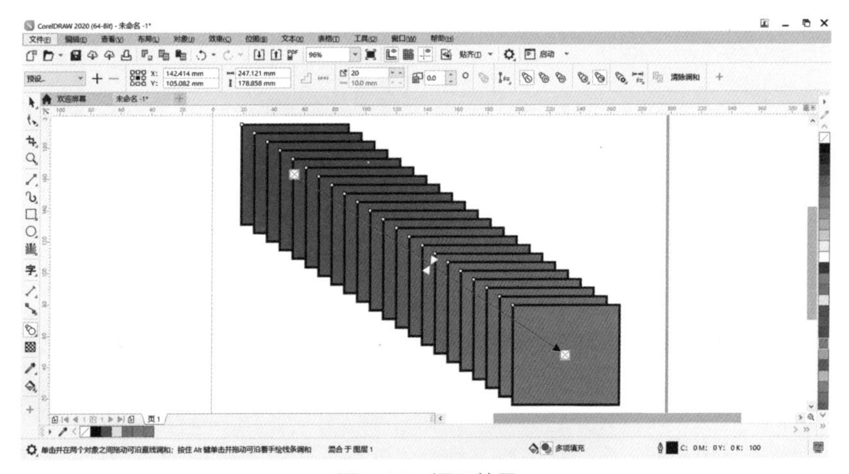

图 1-68 调和效果

二、任务单

1. 首饰链条绘制

（1）使用矩形工具和形状工具，绘制链子上的两个环（图 1-69）。

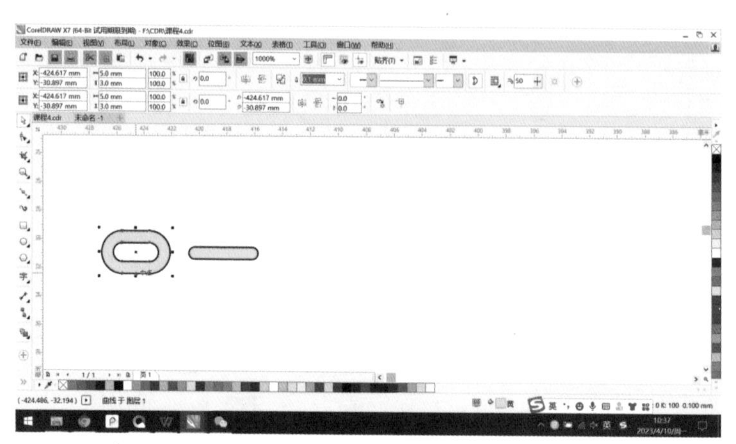

图 1-69 绘制环

（2）将两个环重叠至相连接的结构处，在准备调和的终点位置复制一个（图 1-70）。

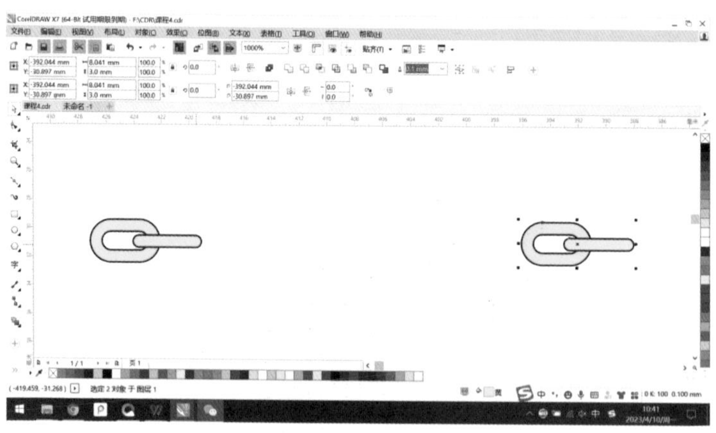

图 1-70 组合环

（3）使用调和工具，选中第一组环，再按下鼠标左键拖动至最后一组环。完成调和后可以根据实际情况进行数量调整（图 1-71）。

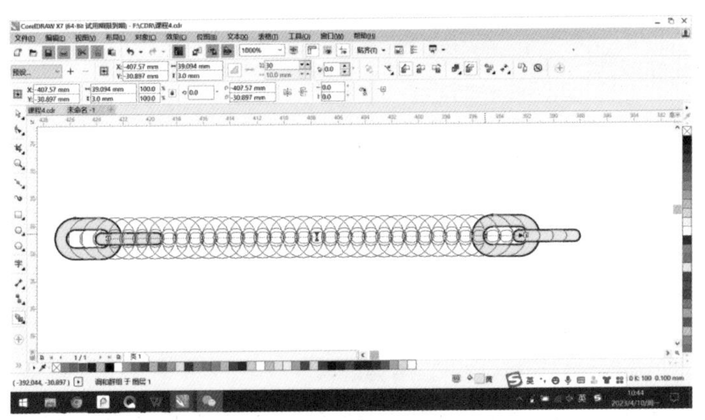

图 1-71 调和

（4）调整后，就完成了一个十字项链或手链的骨干结构（图 1-72）。

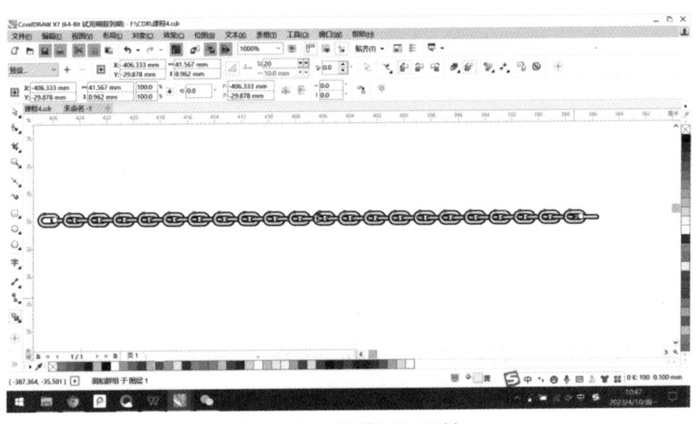

图 1-72 调整调和属性

（5）使用形状工具和手绘工具，绘制一个圆形作为手链或项链的路径（图 1-73）。

（6）回到调和工具，在调和属性选项点击“路径属性”，勾选“沿全路径调和”（图 1-74）。

（7）在更多调和选项，勾选“沿全路径调和”以及“旋转全部对象”（图 1-75）。

（8）对第一组和最后一组进行调节，并且调整调和步数（图 1-76）。

（9）确定形状后，单击鼠标右键调和对象，选择“从路径分离”，删除骨干线（图 1-77）。

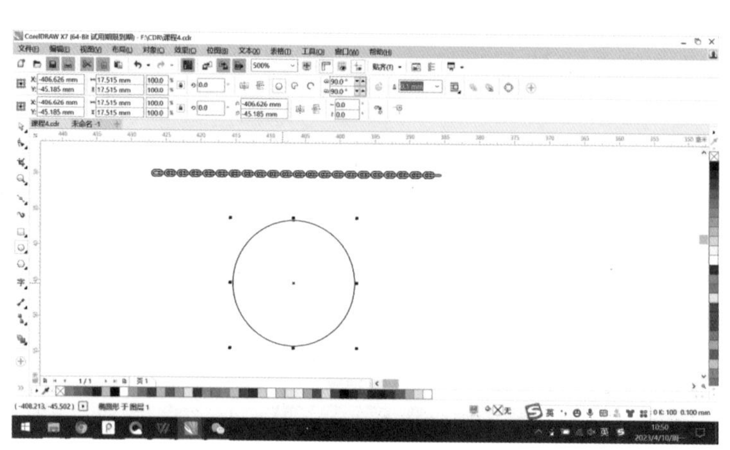

图1-73　绘制圆形路径

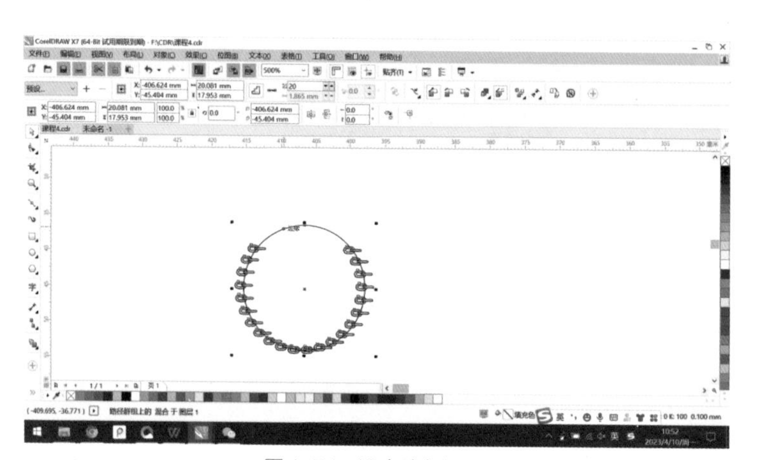

图1-74　沿全路径调和

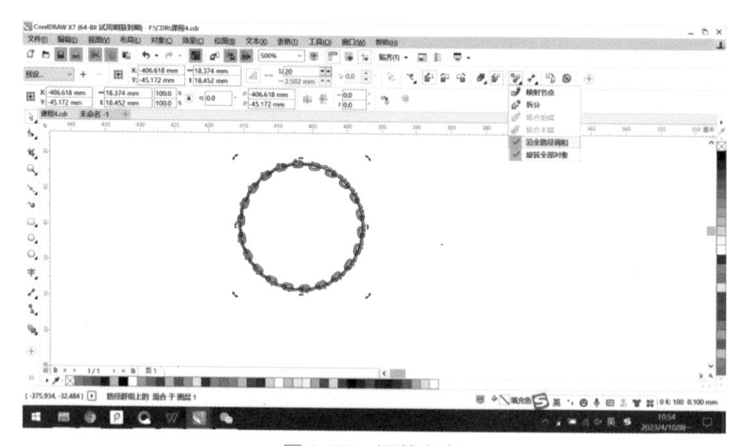

图1-75　调整方向

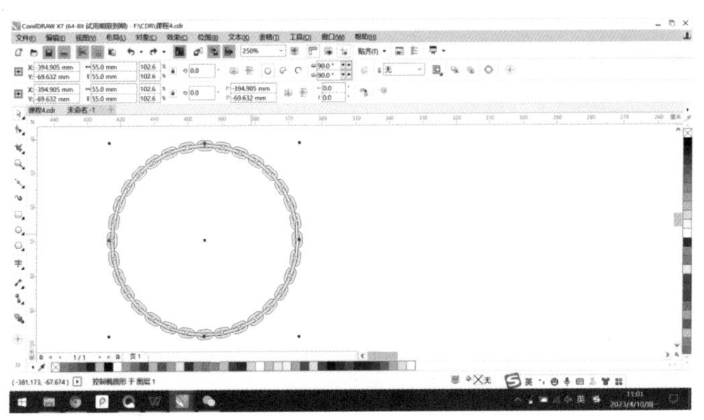

图 1-76 调和步数

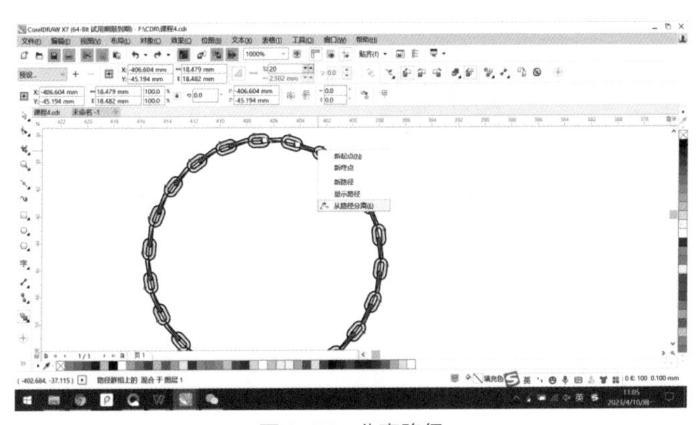

图 1-77 分离路径

（10）如果不做路径分离，可以选中路径，转换为曲线后断开节点，对链子的形状进行调节（图 1-78）。

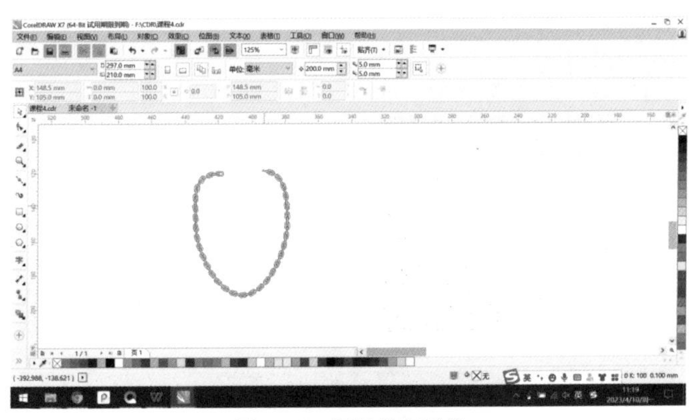

图 1-78 调节链条形状

小贴士

类似以上十字链案例素材可以作为设计产品时常用的链条配件素材保存，以便绘制同类产品配件时调取使用。

2. 宝石镶嵌线稿绘制

（1）导入戒指的正视图图片，并将其锁定（图 1-79）。

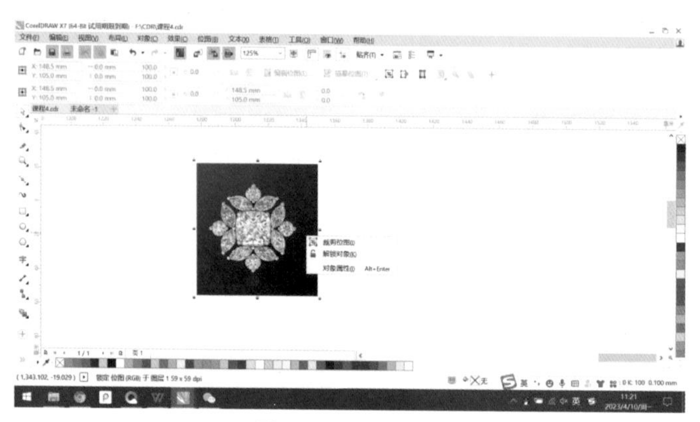

图 1-79　导入图片

（2）这是一个轴对称的钻石镶嵌产品。使用 2 点线工具，按下 Ctrl 键绘制垂直线作为产品辅助线；然后按住 Ctrl 键依次旋转，并且用鼠标右键复制出另外三条辅助线（图 1-80）。

图 1-80　绘制对称轴

（3）使用矩形工具绘制矩形，转为曲线后调节节点，完成枕形主石轮廓（图 1-81）。

图 1-81 绘制枕形主石轮廓

（4）绘制两个相同尺寸、水平对齐的正圆形，调整至相交区域为马眼形宝石尺寸，选中两个圆形，使用属性栏中的相交可得到相交部分的形状，即马眼形宝石的线稿。随后将宝石旋转调整至适合角度（图 1-82）。

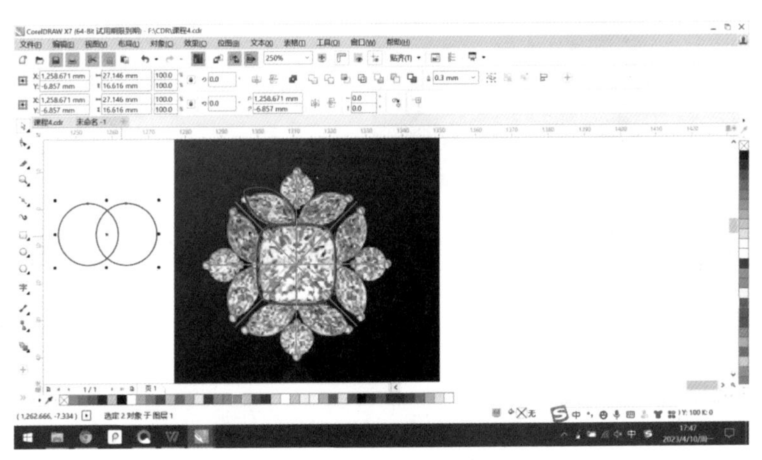

图 1-82 绘制马眼形宝石

（5）用椭圆工具绘制两个小圆，作为镶嵌马眼形宝石的爪（图 1-83）。

图 1-83　绘制爪

（6）将马眼形宝石和爪群组，选中马眼形宝石和垂直对称轴，按下 Ctrl 键进行水平翻转，同时用鼠标右键进行复制（图 1-84）。

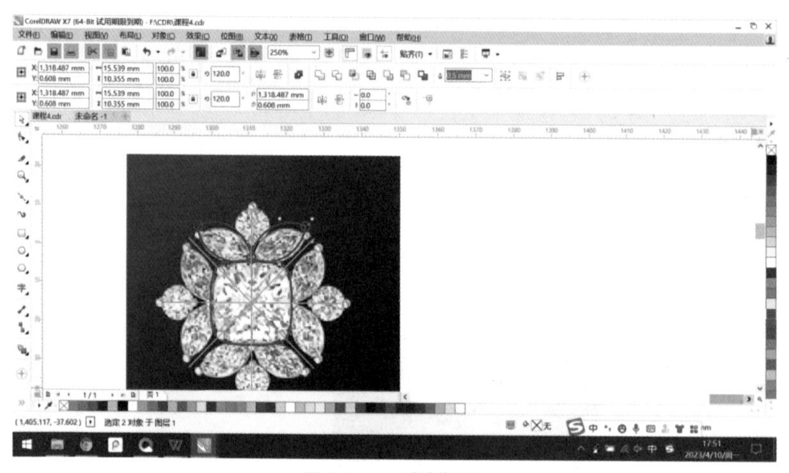

图 1-84　对称复制

（7）绘制两颗马眼形宝石中间的圆形宝石和爪（图 1-85）。

（8）选中所有配石和爪的部分进行群组，将中心点移到对称轴的中心，按下 Ctrl 键的同时按下鼠标右键进行 90°旋转复制（图 1-86）。

（9）旋转再制三次，完成戒指的线稿（图 1-87）。

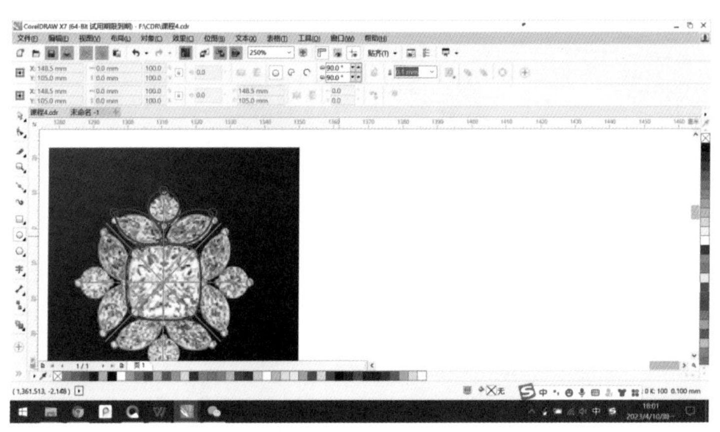

图 1-85 绘制圆形宝石和爪

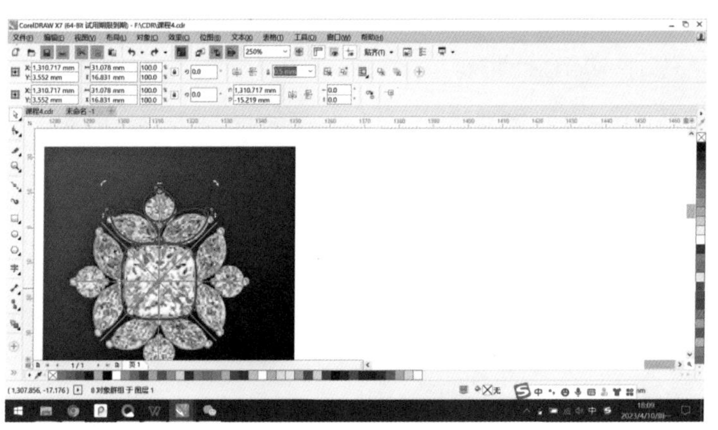

图 1-86 旋转复制

图 1-87 完成线稿

CorelDRAW 中的填充工具，包括平面填充（主要填充边色、面色）、渐变填充和 PowerClip 填充。

在首饰设计图的绘制过程中，可以利用填充工具，结合图片制作逼真的金属纹理或者宝石镶嵌效果。渐变填充可以更好地体现首饰产品的立体感，PowerClip 可以将 JPEG 或 PNG 格式的宝石或金属效果，直接填充在首饰轮廓图中，呈现出逼真的首饰效果图。

一、工具介绍

1. 平面填充

（1）在本部分导言的工作界面中介绍了色板窗口，并讲解了基本的填色方法。选中色块单击鼠标左键设置对象的面色，选择色块单击鼠标右键设置对象的线色（图 1-88）。

图 1-88　色板

（2）除此之外，还可以更自由地调色。当需要对色板上两种或两种以上颜色进行混合时，先填充一种颜色，再按下 Ctrl 键，在需要混合的色块处点击鼠标左键，逐渐增加调和颜色的比例以达到混合效果。与色板着色的方法相同，混合边色时按鼠标左键，混合面色时按鼠标右键（图 1-89）。

图 1-89 填充色板颜色和调和颜色

（3）CMYK 与 RGB 参数设置。当需要精准地设置颜色的参数时，双击工作区域下方的颜色框，进入对话框修改，设置边色（双击右侧的颜色框），设置面色（双击左侧的颜色框）。通过 CMYK 或者 RGB 参数等进行颜色精确的设置（图 1-90）。

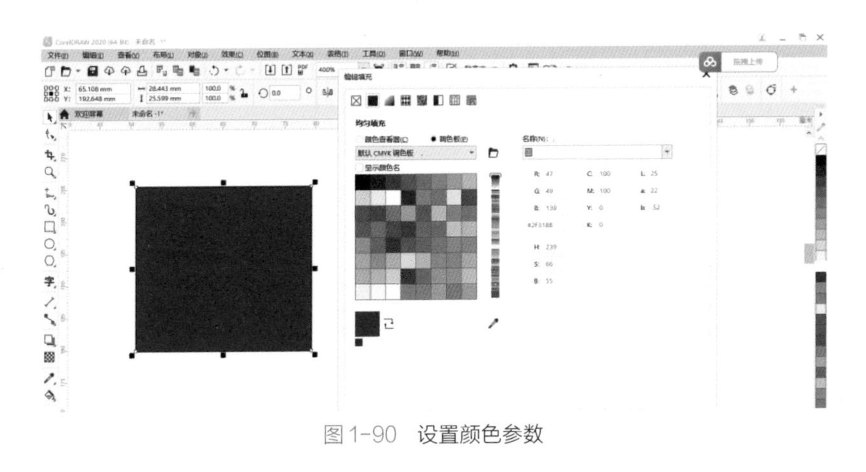

图 1-90 设置颜色参数

（4）吸管工具。有时候需要从一些金属或宝石的图片中吸取一个相同的颜色，双击工作区域下方的颜色框，进入对话框，在色板下方选择吸管工具后，将鼠标移动到需要吸取的颜色处点击确认，得到该颜色的参数，可填充于其他区域（图 1-91）。

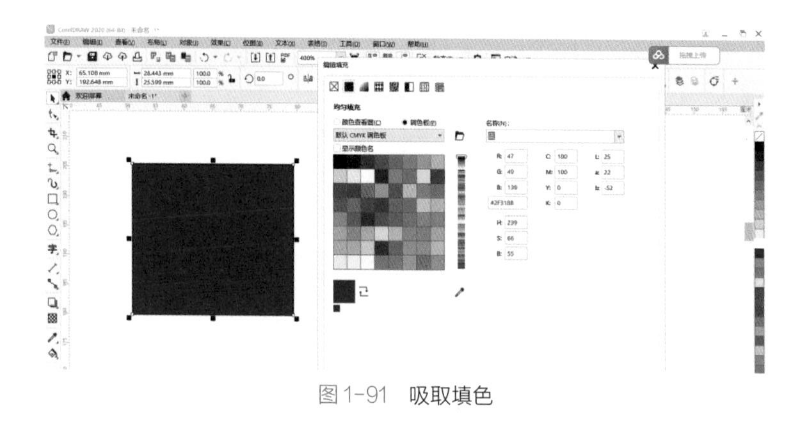

图 1-91　吸取填色

2. 渐变填充

填充渐变色，使用的工具是交互式填充工具（图 1-92）。

图 1-92　交互式填充工具

（1）交互式填充工具属性栏中下拉有很多的功能，可以进行渐变填充、图样填充、底纹填充等，在首饰设计中，最常用到的是渐变填充（图 1-93）。

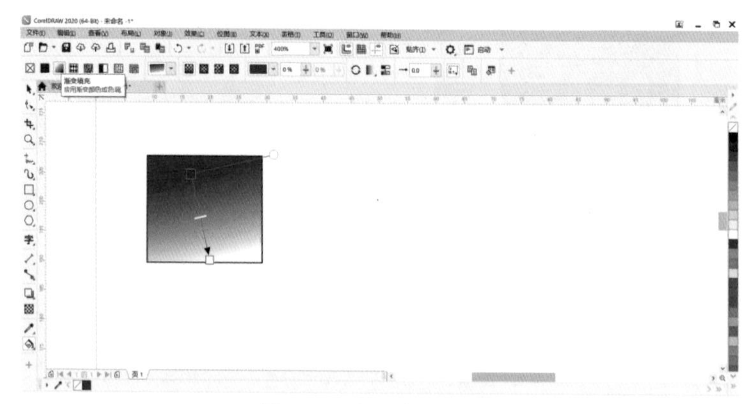

图 1-93　交互式填充属性

（2）渐变工具的样式主要有四种：线性渐变、径向渐变、圆锥形渐变和矩形渐变。通常根据设计结构和形状，选择渐变的样式来表现金属的颜色和光泽（图 1-94）。

图 1-94 渐变样式

3. PowerClip 填充

（1）PowerClip 在不同的 CorelDRAW 软件版本中叫法不同，也被叫做置入容器内。选中对象之后，单击鼠标右键下拉菜单就可以选择 PowerClip（图 1-95）。

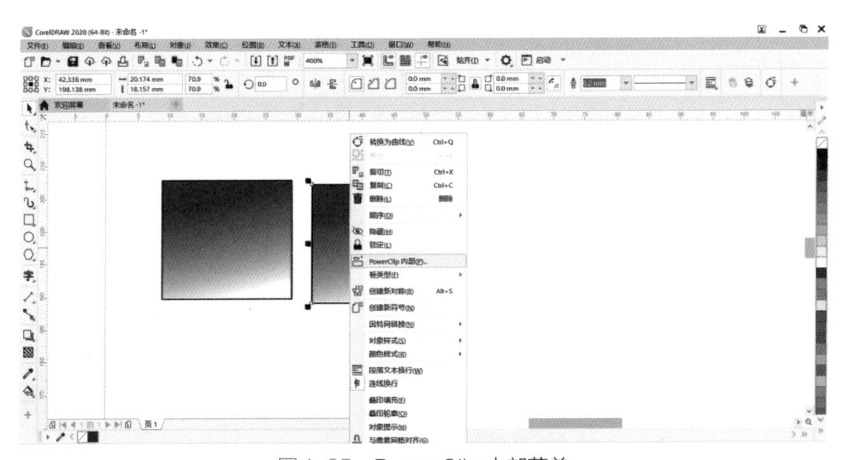

图 1-95 PowerClip 内部菜单

（2）选择一个对象，点击 PowerClip 后，会出现一个黑色的实心箭头。当点击需要置入的轮廓后，该对象就会居中出现在置入的轮廓中（图 1-96）。

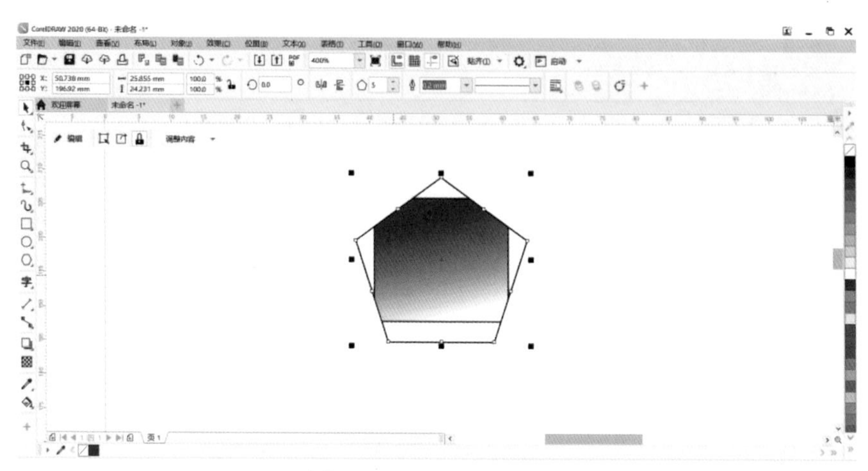

图 1-96　PowerClip 效果

此时如果对容器内的对象进行移动编辑，要再次单击右键下拉菜单，选择编辑 PowerClip。调整到适合后，再次单击右键下拉菜单，选择结束编辑（图 1-97、图 1-98）。

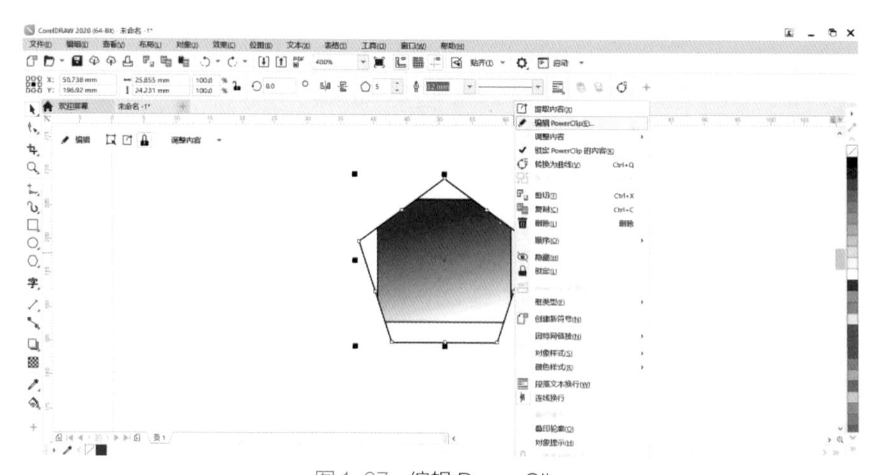

图 1-97　编辑 PowerClip

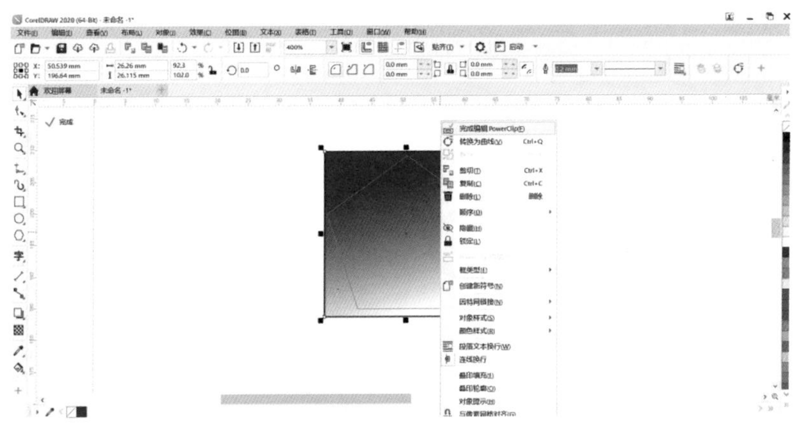

图 1-98 完成编辑 PowerClip

二、任务单

1. 渐变填充：古法金吊坠绘制

① 首先绘制两个垂直的圆角矩形，居中对齐（图 1-99）。

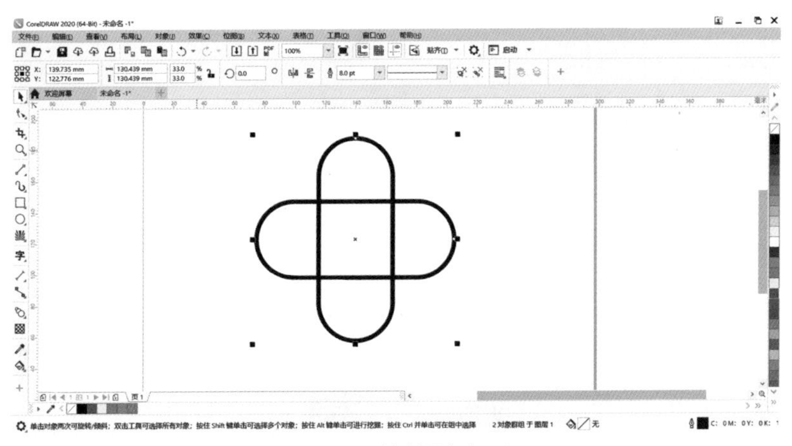

图 1-99 绘制圆角矩形

② 将两个圆角矩形焊接后，将轮廓线调整为 2mm，完成十字花形（图 1-100）。

③ 在“对象”菜单，选择“将轮廓转换为对象”（图 1-101）。

④ 将形状填充，轮廓线为深金色，面为浅金色（图 1-102）。

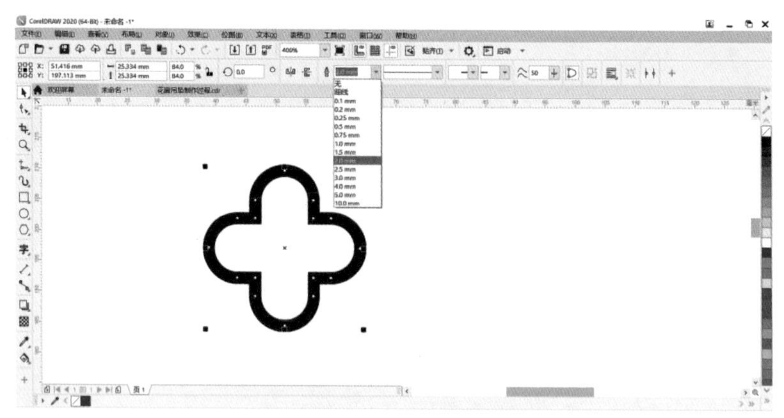

图 1-100　完成十字花形

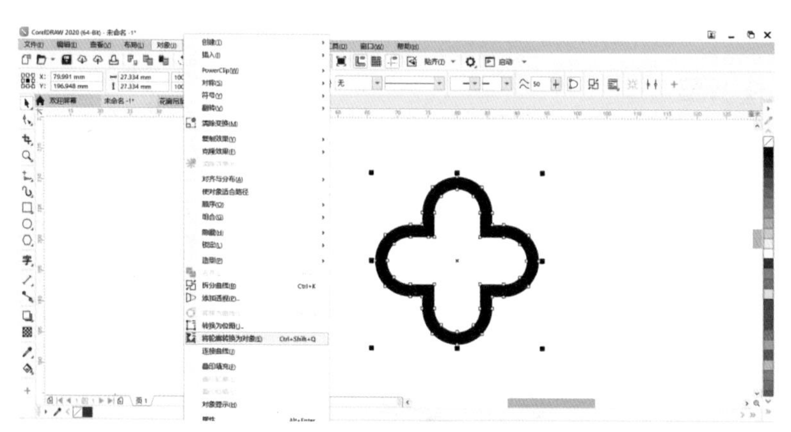

图 1-101　将轮廓转为对象

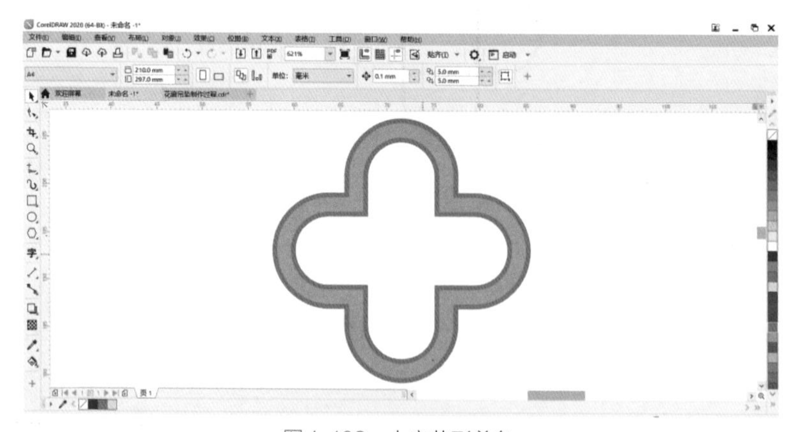

图 1-102　十字花形着色

⑤ 用同样的方法做出十字形（图 1-103）。

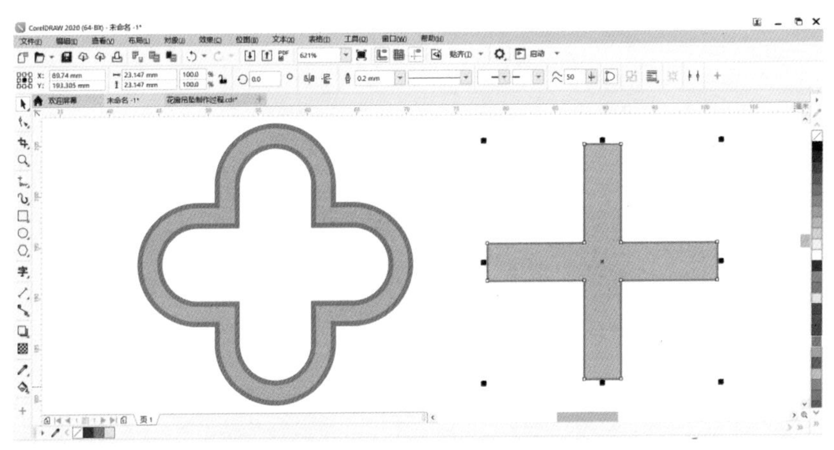

图 1-103　同法制作十字形

⑥ 将两个对象组合在一起，排列成底纹图案，并进行群组（图 1-104）。

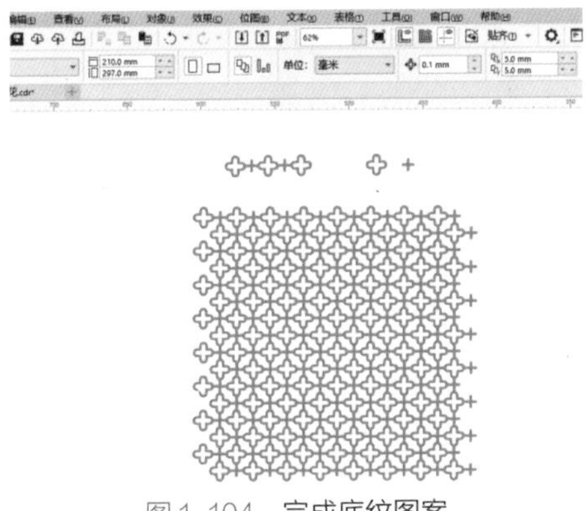

图 1-104　完成底纹图案

⑦ 运用对象属性栏中的修剪功能完成吊坠外框，通过“渐变填充”对外框进行着色。将底纹移动与外框重叠，确保完全覆盖外框（图 1-105）。

⑧ 将圆形和底纹重叠，调整到最佳位置后，进行两个对象的修剪（图 1-106）。

⑨ 底纹完成后，增加主题元素——竹叶造型。

首先用贝塞尔曲线勾勒出竹叶的造型，如果一次画不准也可以先手绘一个草图，导入 CorelDRAW 之后，用贝塞尔曲线勾勒（图 1-107）。

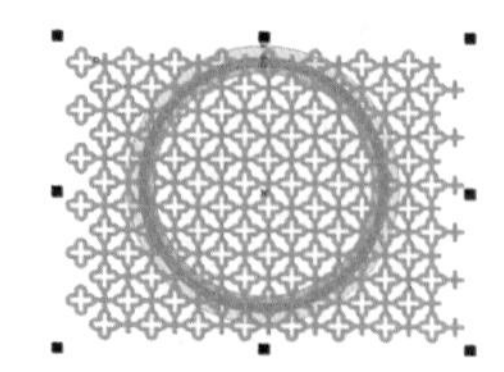

图 1-105　完成底纹和外框

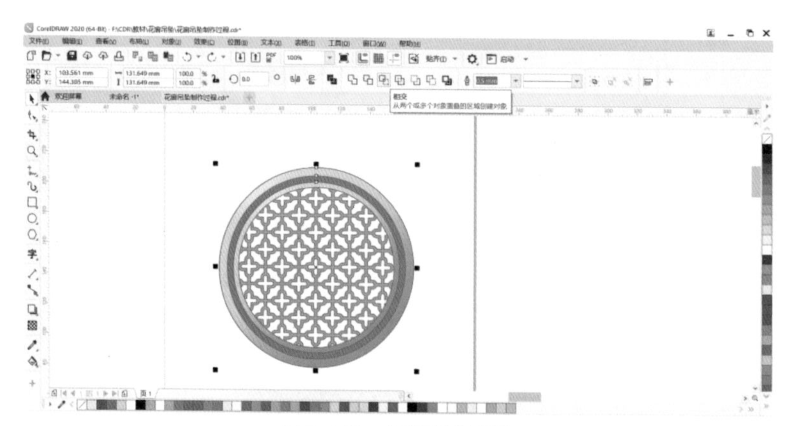

图 1-106　修剪多余底纹

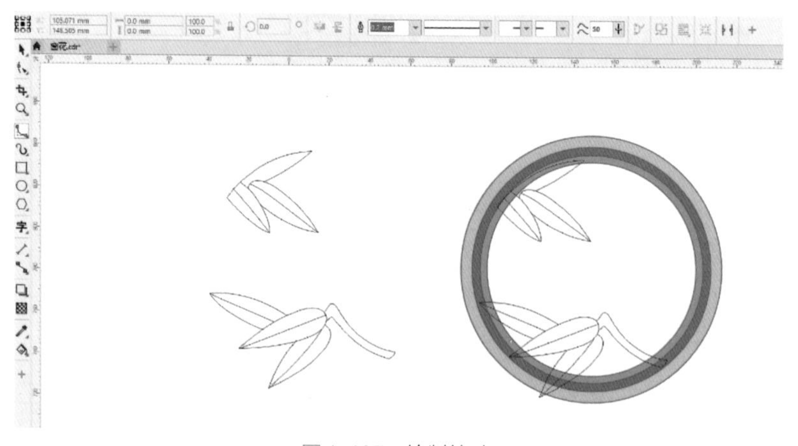

图 1-107　绘制竹叶

⑩ 选择正确的金属颜色，用调和工具对竹叶进行上色。上色的原理与手绘的上色方法一致。为了颜色过渡自然，可以多做几个色块进行调和（图 1-108）。

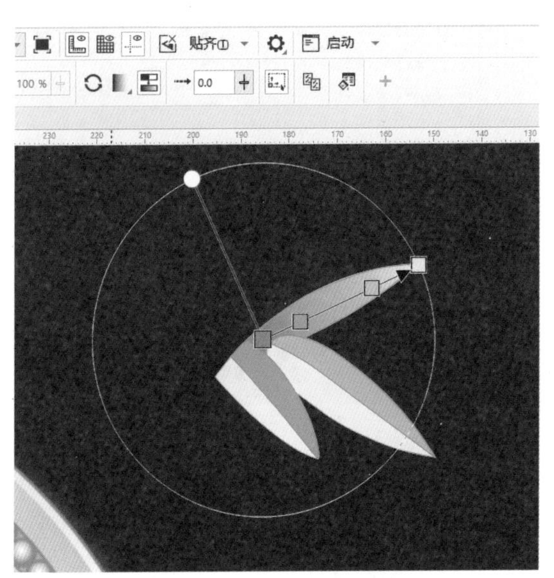

图 1-108 竹叶做渐变填充

⑪ 叶子有起伏的结构，要分成两个部分，用两个有对比的渐变色表现，这样才能表现叶子的结构和层次关系（图 1-109）。

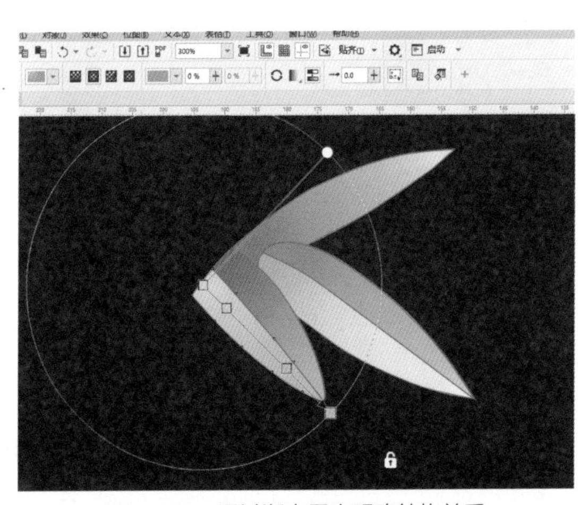

图 1-109 通过渐变层次明确结构关系

⑫ 竹叶完成后的效果，既要体现出每片竹叶的立体效果，也要体现出叶片与叶片之间的前后关系，如果出现结构不明确的地方，要及时调整渐变颜色、渐变方向等（图 1-110）。

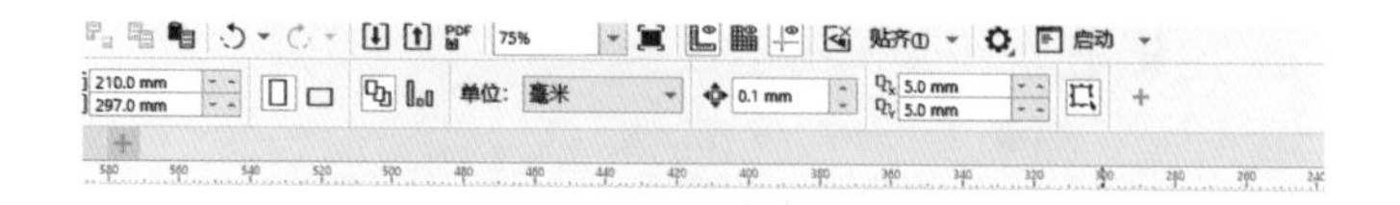

图 1-110 竹叶效果

⑬ 用渐变工具完成配件的绘制。绘制一个一字形的吊坠扣，选择渐变工具用上述相同的方法完成（图 1-111）。

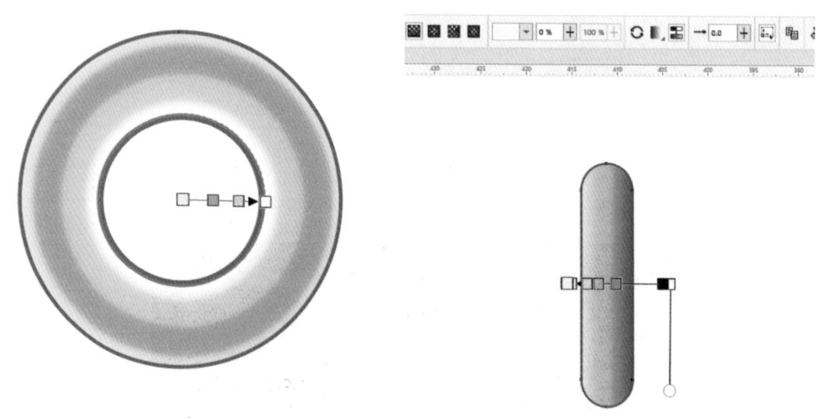

图 1-111 绘制吊坠扣部件

⑭ 将正视图和侧视图的圈口设置好之后，调节好位置进行群组。因为扣子的金属丝有厚度，组合结构可以参照线稿，要符合一字扣实物结构，不能简单地将两个形状并行排列，导致结构出现错误（图 1-112）。

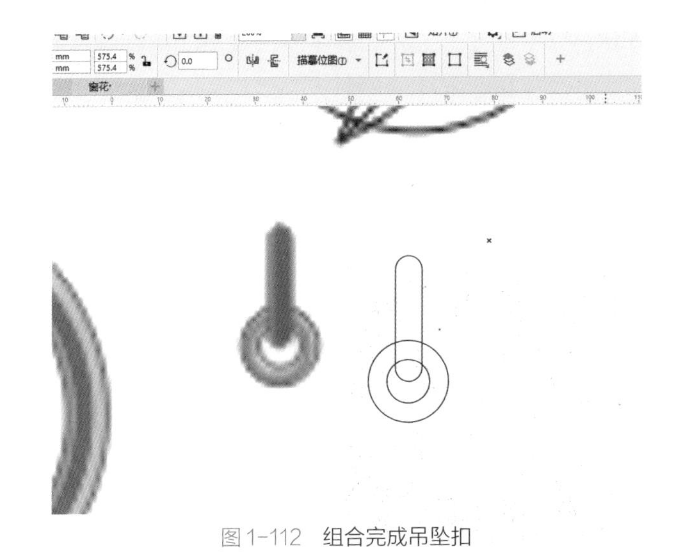

图 1-112 组合完成吊坠扣

⑮ 根据产品的造型绘制金珠粒来进行点缀。金珠粒是球体，绘制方法是先在一个圆形对象上做渐变的效果，再运用再制，沿边框排列（图 1-113）。

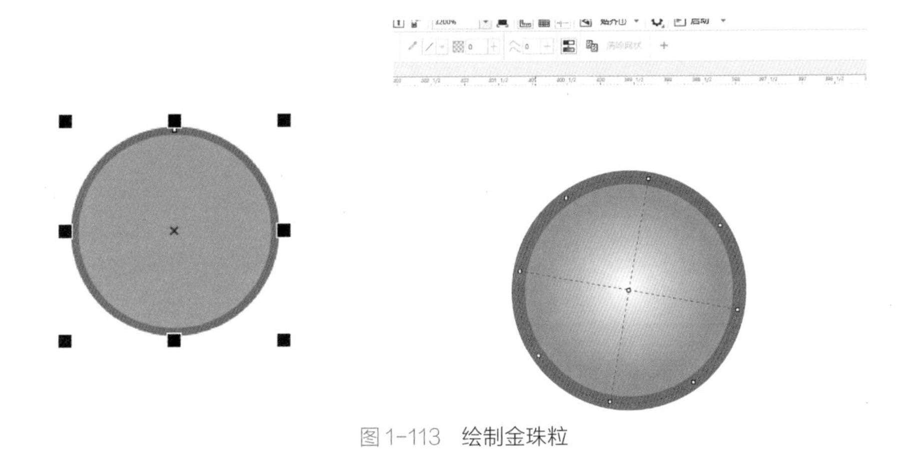

图 1-113 绘制金珠粒

⑯ 将这些配件组合，居中对齐并且群组，完成古法金吊坠设计图绘制（图 1-114）。

2. PowerClip 填充：钻石镶嵌款式正视图制作

（1）在学习任务三学习了钻石镶嵌款式的线稿绘制（为了便于识别，

范例中设置红色或黄色的线条，在实际绘图过程中，可以选择黑色或者与金属色接近的灰色）。打开其线稿图（图 1-115）。

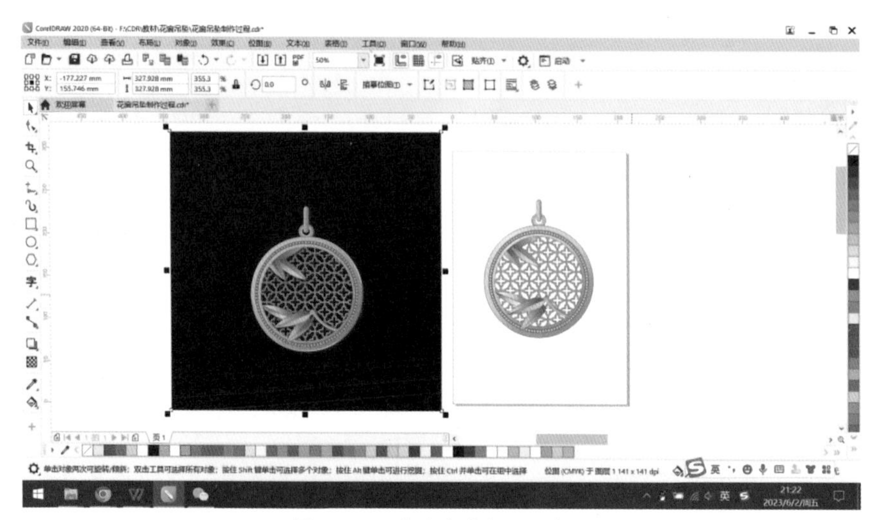

图 1-114　完成古法金吊坠绘制

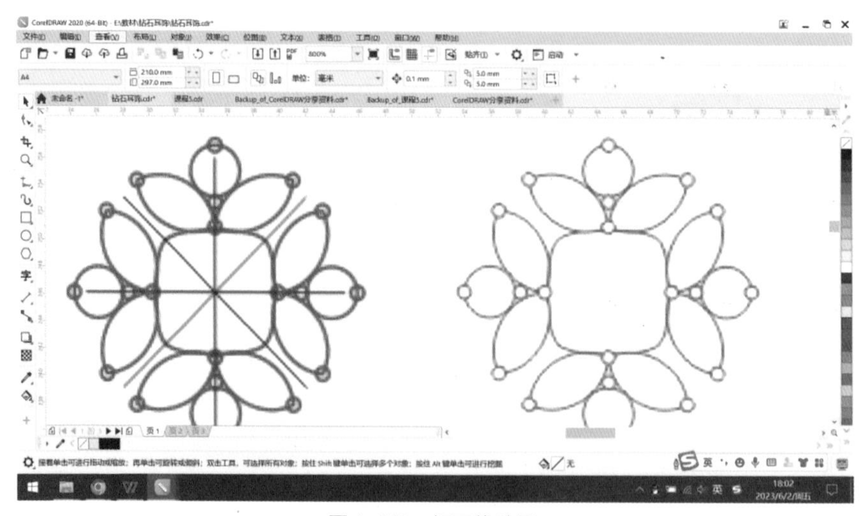

图 1-115　打开线稿图

（2）导入钻石的图片，导入图片时应尽量选择 PNG 格式的去底图片，以免有露边的情况（图 1-116）。

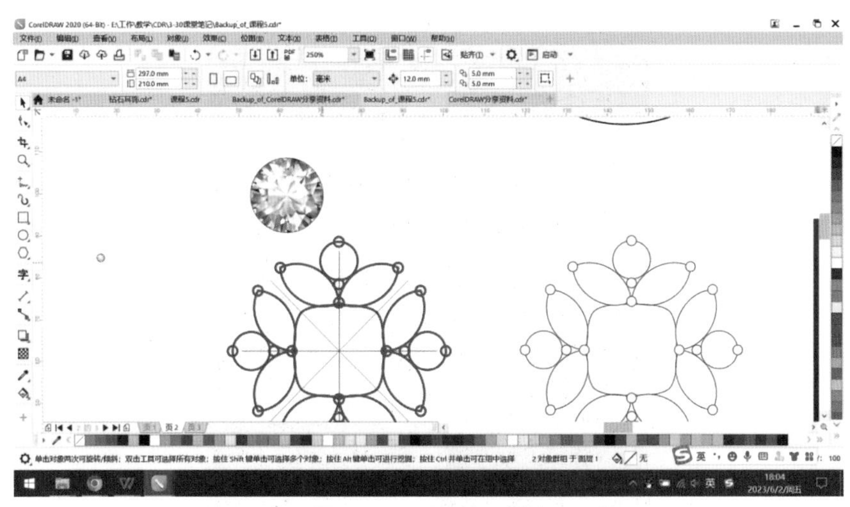

图 1-116 导入钻石素材

（3）用同样的方法，对钻石素材进行 PowerClip，再进行 PowerClip 编辑，调整位置后就完成了一款钻石镶嵌款式的设计图（图 1-117）。

图 1-117 运用 PowerClip 完成钻石镶嵌款式绘制

三、课后练习

（1）使用渐变填充的方法，完成一款国风的古法金吊坠设计图。

（2）使用 PowerClip，将学习任务二中的线稿图，填充完成如图 1-118 所示的高级定制的彩色宝石首饰设计图。

图 1-118 某彩色宝石首饰设计图

第二章

Adobe Illustrator

Adobe Illustrator 软件首饰设计概述

一、软件概述

Adobe Illustrator（简称 AI）是一种应用于出版、多媒体和在线图像的工业标准矢量插画的软件。该软件主要应用于印刷出版、海报设计、书籍排版、专业插画设计、多媒体图像处理和互联网页面的制作等，也可以为线稿提供较高的精度和控制，适合从小型设计到大型的复杂项目。

AI 是一款专业图形设计工具，提供丰富的像素描绘功能，以及顺畅灵活的矢量图编辑功能，能够快速创建设计工作流程。最大特征在于钢笔工具的使用，使得操作简单、功能强大的矢量绘图成为可能。在首饰设计领域，它常用于绘制首饰设计图与首饰工艺图。

二、Adobe Illustrator 首饰设计基本操作

（1）打开 Adobe Illustrator 软件，选择合适的文件尺寸，或者自定义大小。通常首饰设计，可以选择 A4 尺寸来进行创作（图 2-1）。

（2）新建文件后，Adobe Illustrator 的界面，可以看到 5 个区域，分别是：菜单栏、工具栏、控制面板、状态栏、工作区域（画板区域和画布区域）（图 2-2）。

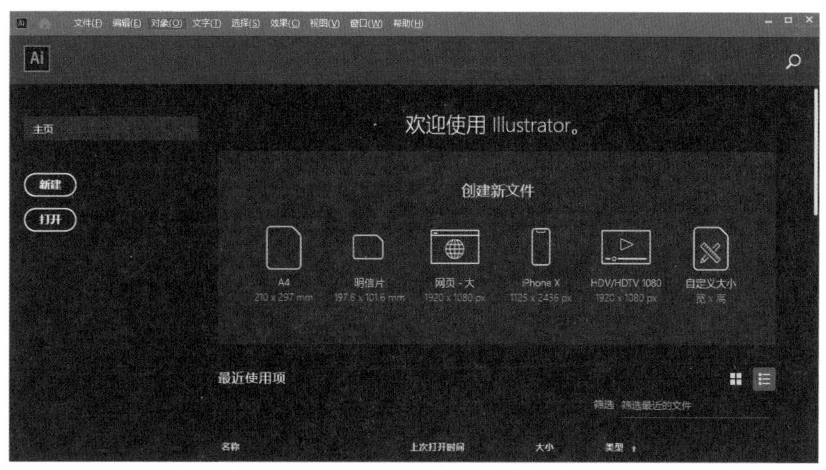

图 2-1 软件打开界面

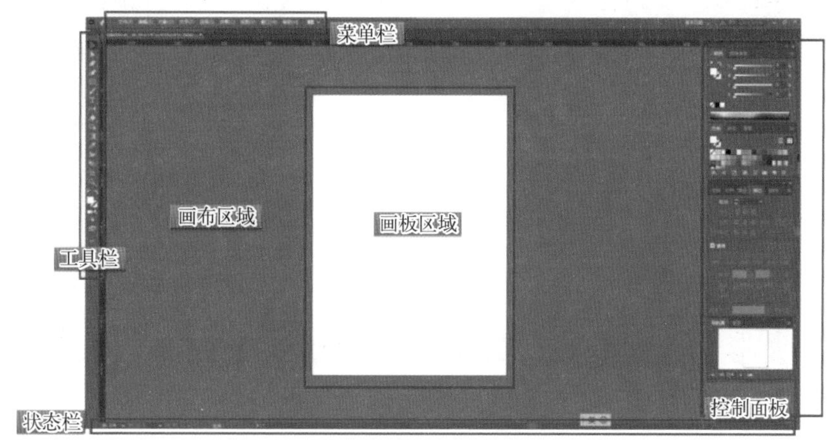

图 2-2 软件界面分布

（3）从菜单栏的“窗口”，将需要用到的工具控制面板点选出来放在右边界面，方便制图。右边显示属性栏，是“基本功能”；将所有属性简化隐藏在菜单栏下方，是“传统基本功能”，可根据自己的画图习惯设置（图 2-3 ～图 2-6）。

（4）通常画图时会拉出辅助线，辅助确定图形比例大小。

从菜单栏里的“视图”，下拉找到“标尺”，选择“显示标尺”，也可以按快捷键“Ctrl+R”（图 2-7）。

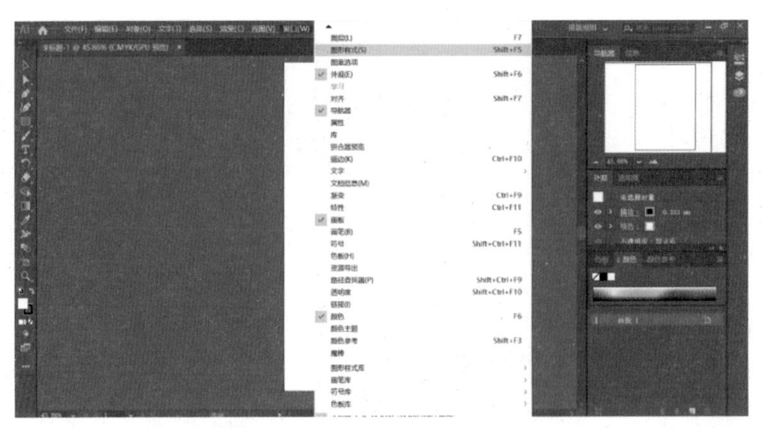

图 2-3　窗口菜单

图 2-4　界面分布选项

图 2-5　“基本功能”显示界面

图 2-6 “传统基本功能”显示界面

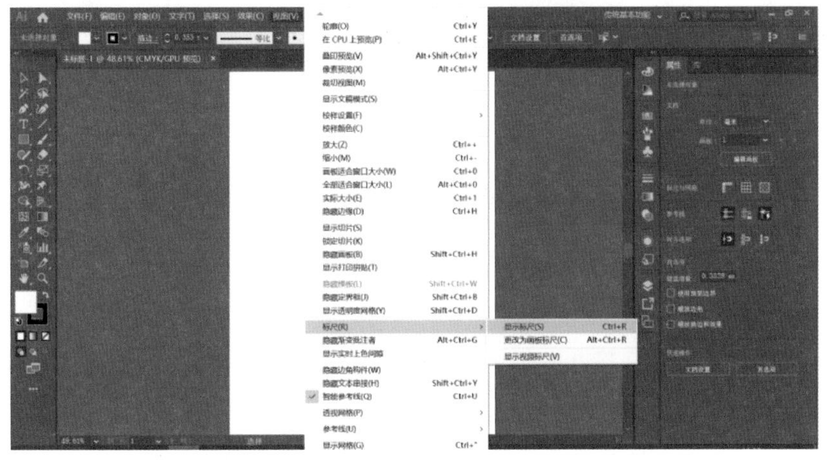

图 2-7　标尺菜单

三、Adobe Illustrator 首饰设计基本设置

1. 首选项设置

设置好首饰设计画图的单位、键盘增量、增效工具和暂存盘，其余可按自己的使用习惯设置。

（1）在菜单栏里找到“编辑”，选择“首选项”（图 2-8）。

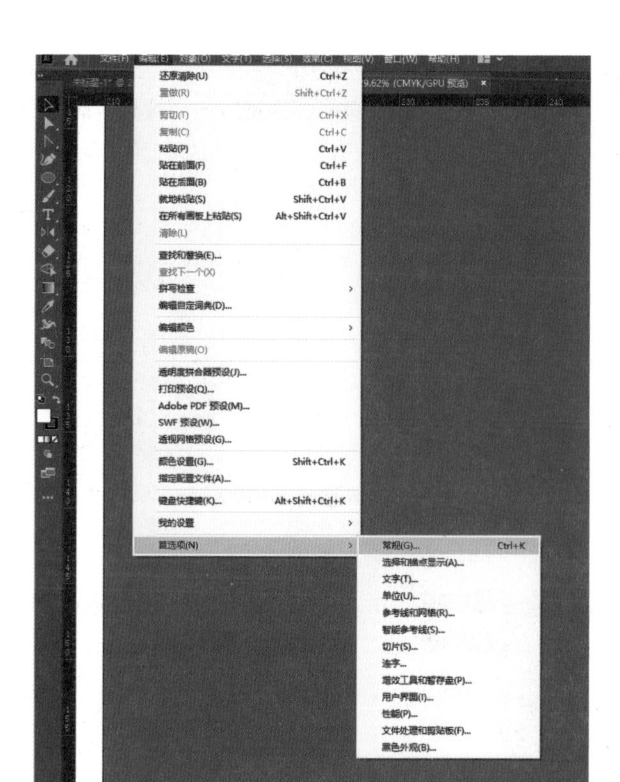

图 2-8　首选项菜单

（2）首饰画图的单位，要设置为“毫米”。因为首饰设计中的数据精确，通常以毫米来计算（图 2-9）。

首选项

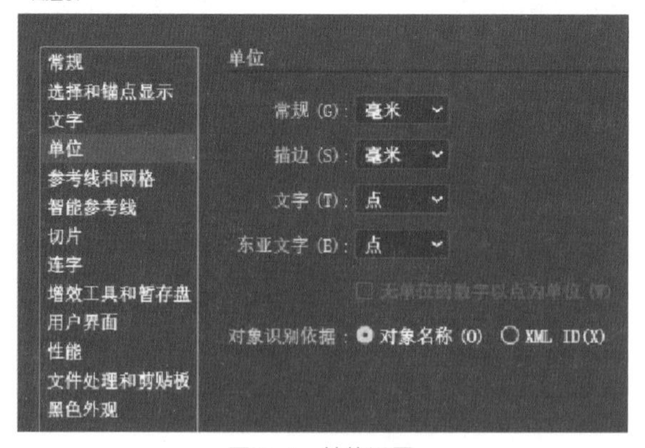

图 2-9　单位设置

（3）暂存盘可选择最大空间的两个盘，防止绘图时，因暂存盘内存不足，导致计算机速度变慢或无法运行（图 2-10）。

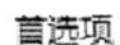

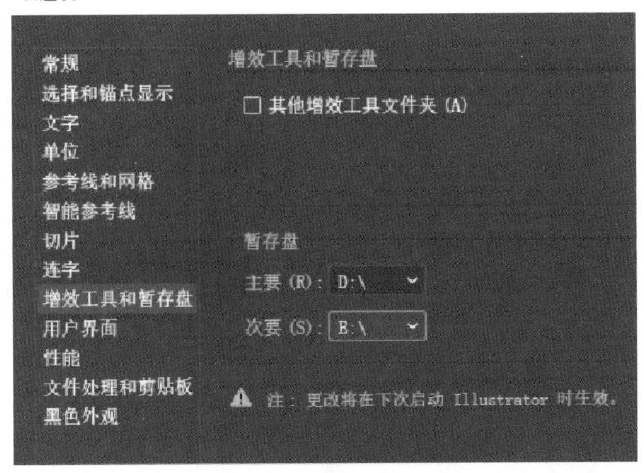

图 2-10　暂存盘设置

（4）键盘增量设置为 0.01mm。这样，画图需要移动图形时，不会跳跃太大（图 2-11）。

首选项

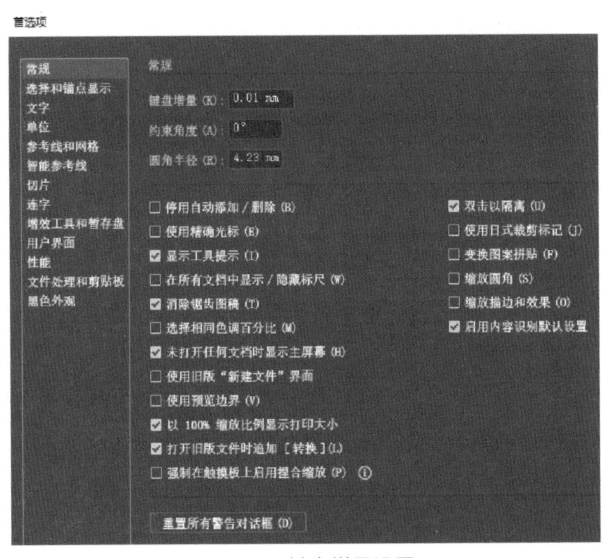

图 2-11　键盘增量设置

2. 偏移路径的设置

（1）在菜单栏里找到“编辑”，选择“键盘快捷键”，在弹出对话框后，选择“菜单命令”（图 2-12）。

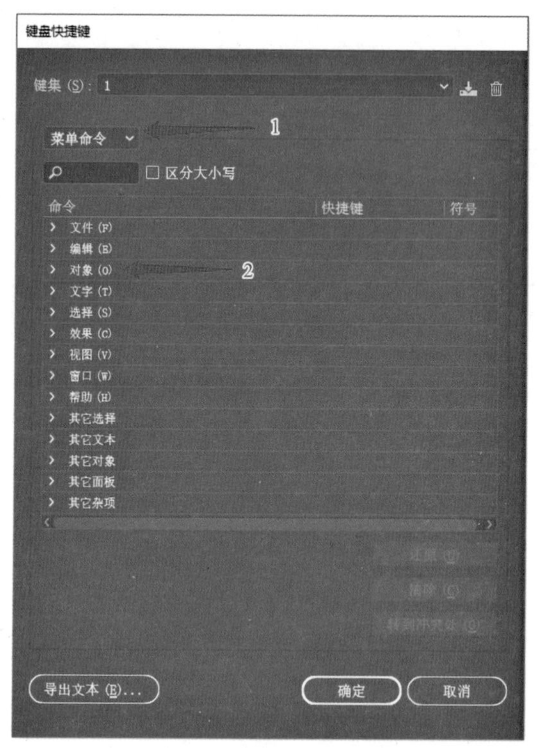

图 2-12 键盘快捷键菜单

（2）在“对象”下拉菜单栏里找到“路径”，“路径”下拉找到“偏移路径”，在快捷键的空格里输入自己操作方便的快捷键，如“Ctrl+\”，然后点击“确定”。

偏移路径在首饰绘图中经常用到，以后每当需要进行图形的偏移路径，就可以直接按快捷键进行操作（图 2-13）。

四、首饰绘图常用工具栏操作

熟悉并了解绘图常用工具栏（图 2-14）。

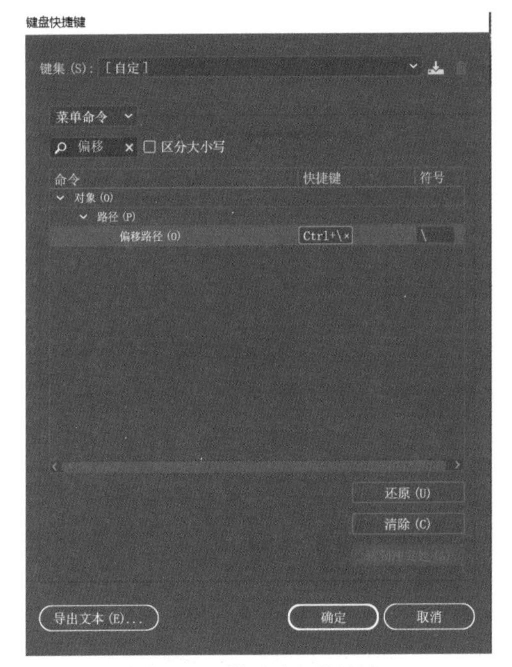

图 2-13 偏移路径快捷键

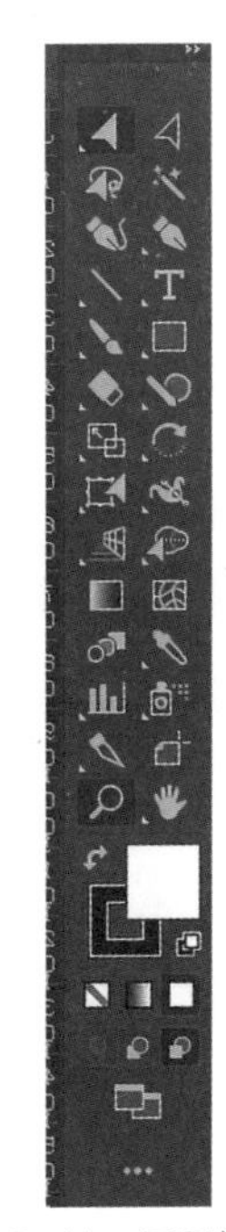
图 2-14 工具栏

1. 选择工具

左侧工具栏上方，空心箭头为“选择工具”，可选取整个图形（图 2-15）。

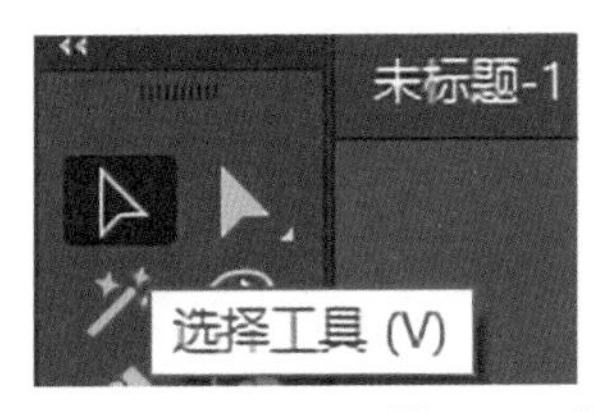

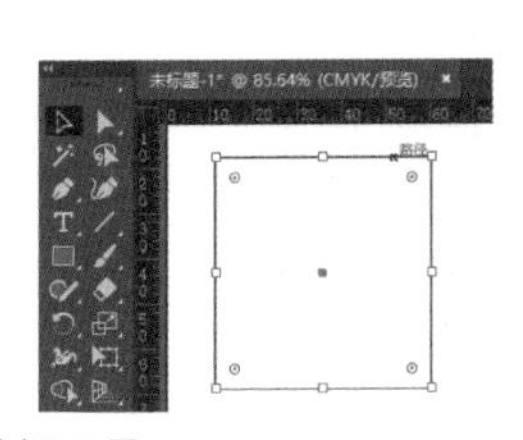

图 2-15 选择工具

实心箭头为“直接选择工具”，可选取图形上的任意一个描点（图 2-16）。

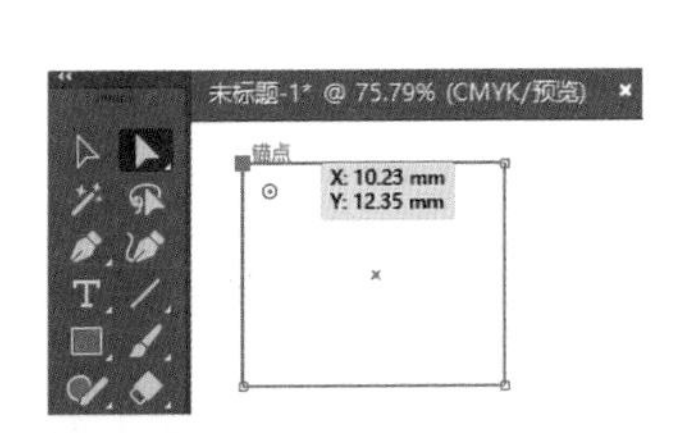

图 2-16 直接选择工具

2. 钢笔工具

钢笔工具是在绘图软件中用来创造路径的工具，画出来的矢量图形叫“路径”（图 2-17）。快捷键“P”。路径是矢量的路径，可呈现不封闭的开放状态，如果把起点和终点重合绘制就可得到封闭的路径。创造路径后，还可再编辑。

图 2-17 钢笔工具

钢笔工具属于矢量绘图工具，其优点是可以勾画平滑的曲线，在缩放或变形后仍能保持平滑效果。常见的 Adobe 公司软件如 Photoshop、Illustrator、Flash、Fireworks、CorelDRAW 等图形图像类设计软件都设有钢笔工具。

钢笔工具通过手动定位描点，快速增减和控制描点数量，可以绘出任意想要的图形，熟练使用钢笔工具，能快速表现首饰设计中图形的轮廓（图 2-18）。

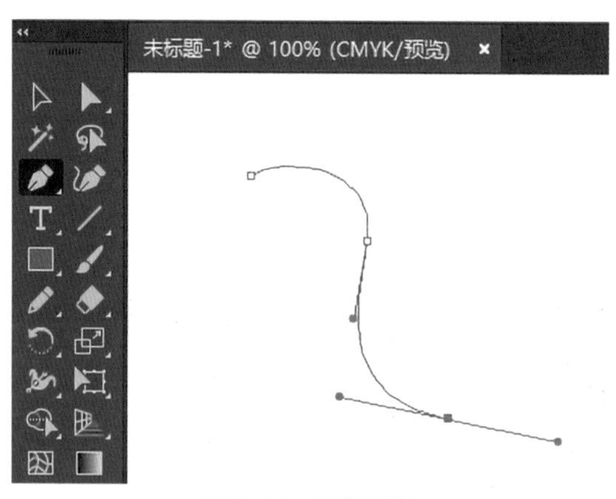

图 2-18 钢笔路径

3. 矩形工具

矩形工具（图 2-19）有多种图形选择，“矩形工具”快捷键为“M”，椭圆工具快捷键为“L”，首饰设计中画钻石、其他宝石和戒指臂时，可直接按快捷键拖拉出需要的基础形状。

图 2-19 矩形工具

下拉矩形工具，出现更多形状工具选项（图 2-20）。

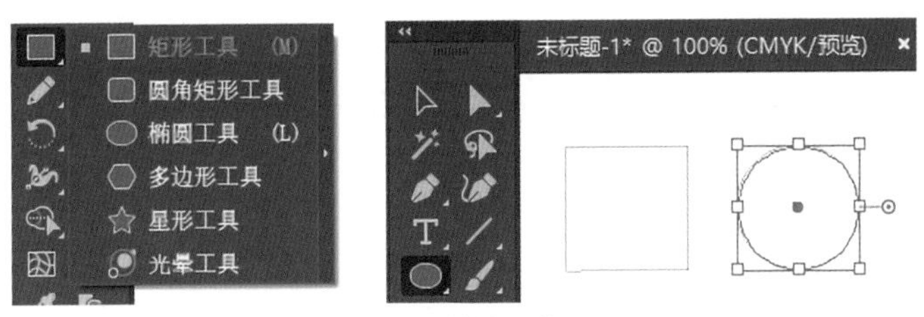

图 2-20 其他形状工具

小贴士

工具快捷键

钢笔工具：P

矩形工具：M

椭圆工具：L

绘制矩形或椭圆形时按下快捷键同时按 Shift ，可得到任意大小的正方形和正圆形。

4. 画板工具

画板工具（图 2-21），点击画板工具后，按 Alt 键，鼠标出现双箭头代表复制拖动画板，能按需任意新增画板。可按 Delete 键点击删除不需要的画板（图 2-22）。

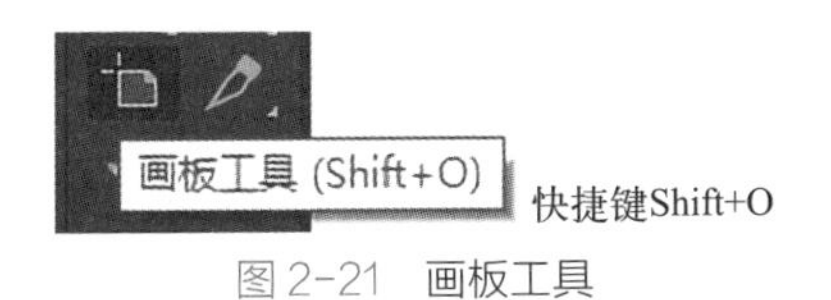

图 2-21 画板工具

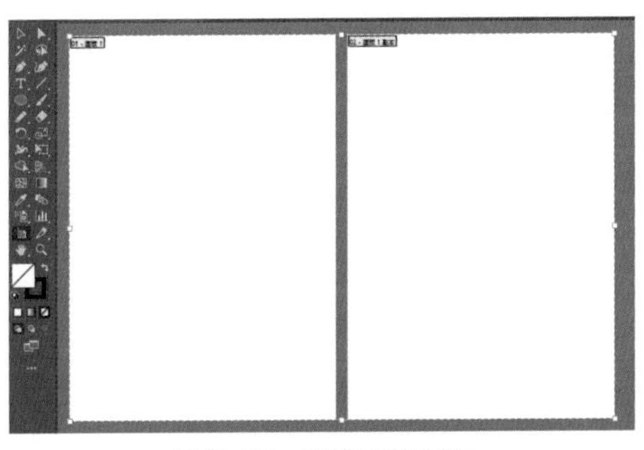

图 2-22 新增画板界面

5. 抓手工具

抓手工具（图 2-23），快捷键为“H”或空格键，都能随意拖动画布区域。

6. 缩放工具

缩放工具（图 2-24），快捷键“Z”，默认显示放大镜图标内有“+”号，是放大功能；选择缩放工具后按下 Alt 键，放大镜图标内显示为“-”号，是缩小功能。

7. 颜色工具

颜色工具（图 2-25），其中实心方形为填充区域色，空心方形为填充边框色。位于上方的为可编辑部分。

对应界面右边的工具属性栏可编辑修改效果。按快捷键“X”可自由切换填充区域和描边区域。

图 2-23 抓手工具

图 2-24 缩放工具

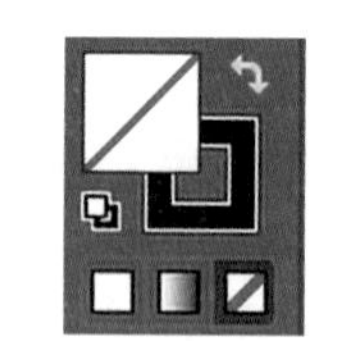
图 2-25 颜色工具

五、首饰绘图常用属性栏工具操作

首饰设计绘图使用比较多的工具控制面板有以下几个：颜色、色板、渐变、画笔、对齐、变换、描边、透明度、导航器、路径查找器（图 2-26）。

1. 颜色工具

可根据所需选择外框或图案内的颜色，如图 2-27 所示，外框线红色，面绿色。

2. 色板工具

对应界面右边的工具属性栏，可编辑修改效果。按快捷键“X”可自由切换填充区域和描边区域。如图 2-28 所示，外框线红色，里面选择色板上自带的黑白色渐变。

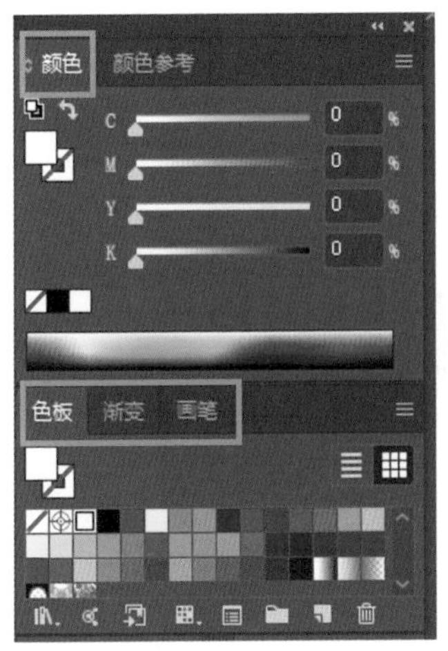

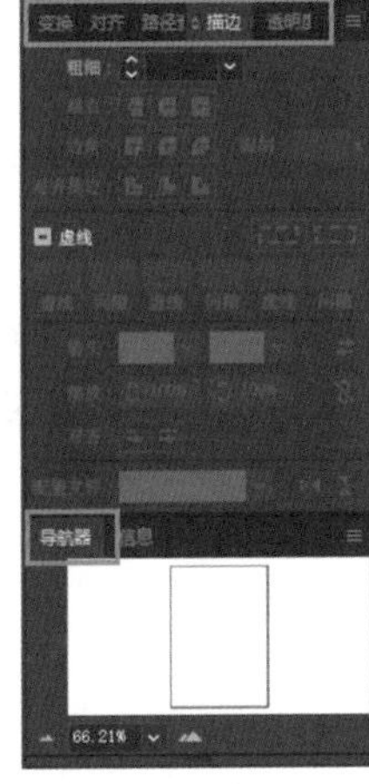

图 2-26 常用属性栏面板

图 2-27 颜色工具

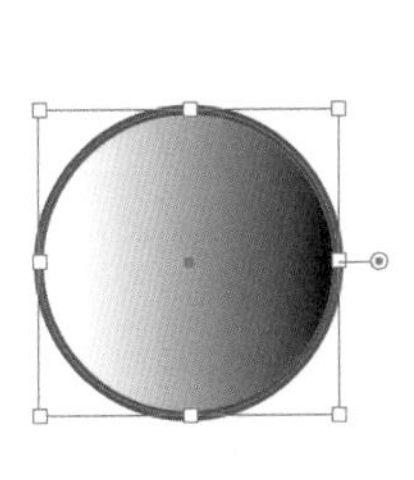
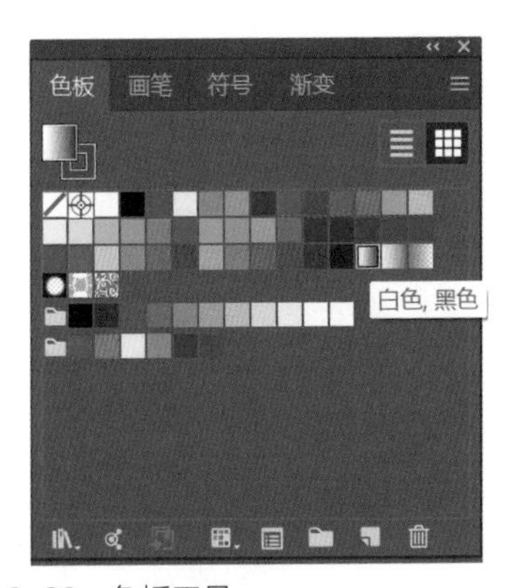

图 2-28 色板工具

自行上色亦可用鼠标左键双击填色区域，弹出色板拾色器，选择所需颜色（图 2-29）。

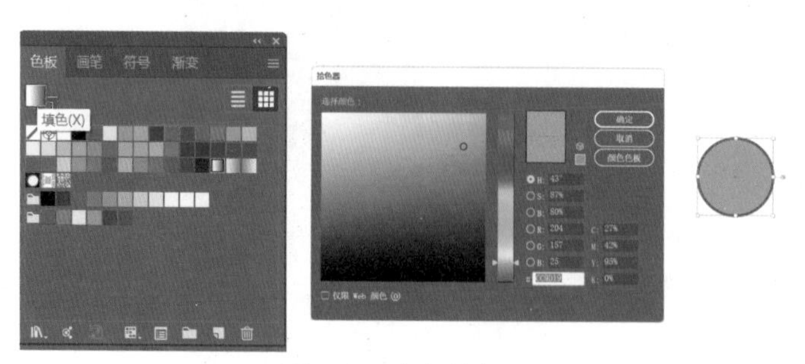

图 2-29　色板拾色器

3. 渐变工具

在渐变工具里，有三种渐变类型，分别是：线性渐变、径向渐变、任意形状渐变（图 2-30）。

图 2-30　渐变工具

自选颜色：用鼠标左键双击渐变滑块，选择画板图案“颜色”，在下栏的颜色滑块里，选择所需颜色（图 2-31）。

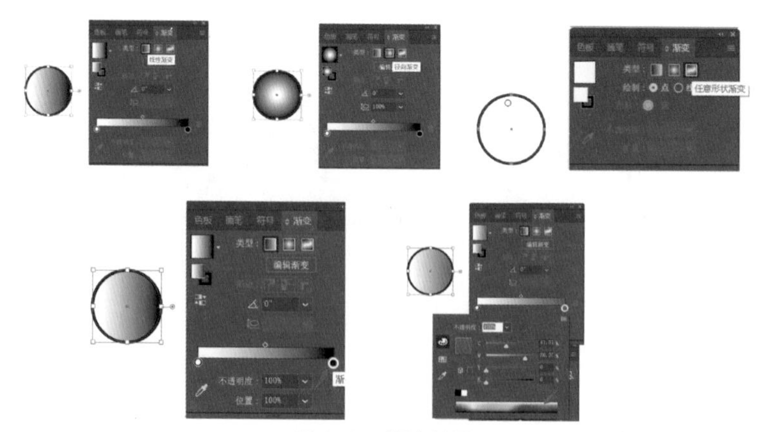

图 2-31　渐变效果

4. 描边面板

描边面板如图 2-32 所示。

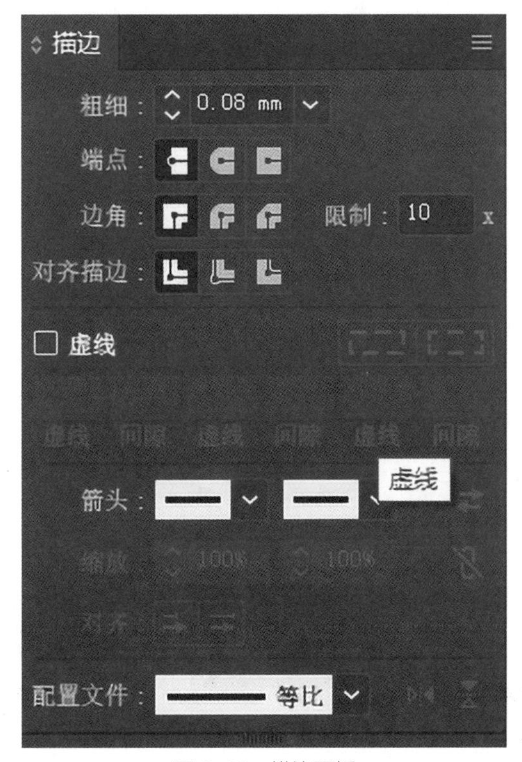

图 2-32　描边面板

（1）描边粗细　可根据打印的质量设定。通常首饰绘图正常打印线条，可显示清晰的粗细，设置为 0.05 ～ 0.08mm（图 2-33）。

（2）还可以设置端点、边角、对齐描边、虚线，根据所点选的描点造型进行变化（图 2-34）。

图 2-33　描边粗细

例：端点分为平头端点、圆头端点、方头端点，线条两端会根据选择的端点造型呈现（图 2-35）。

（3）配置文件　下拉菜单可选线条的不同造型，可根据所绘图形的风格，选择需要呈现的线条样式（图 2-36）。

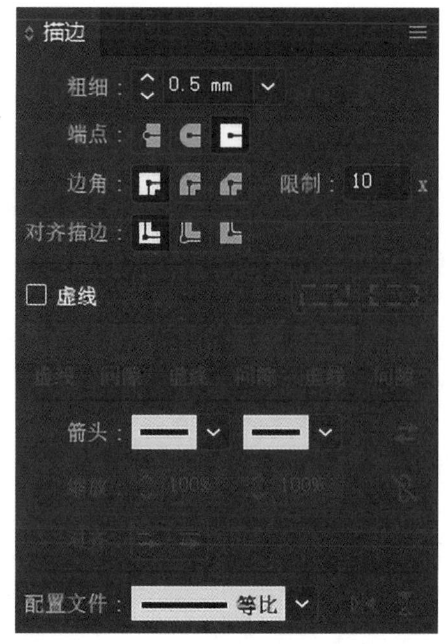

图 2-34 描边设置

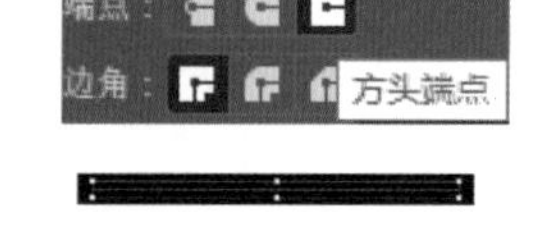

图 2-35 描边端点效果

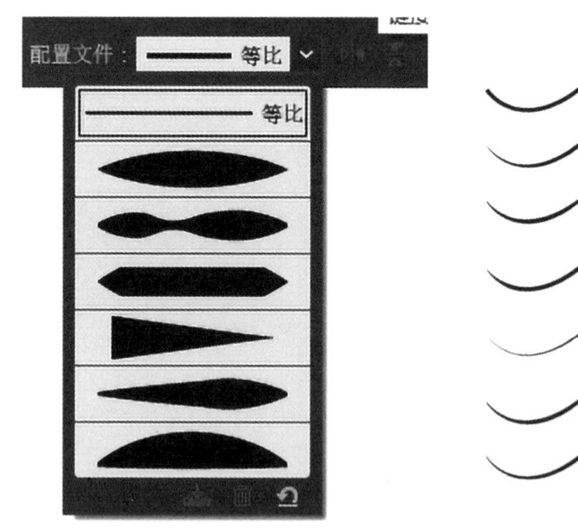

图 2-36 线条样式

5. 变换面板

变换面板见图 2-37。点选图形后，可显示实际大小数据。

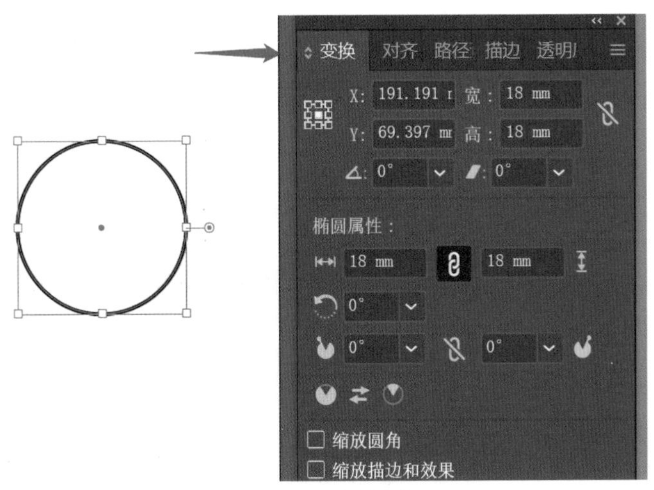

图 2-37 变换面板

6. 对齐面板

对齐面板见图 2-38。点选两个以上的图形后，按所需对齐方式，图形呈现相应的对齐形式。

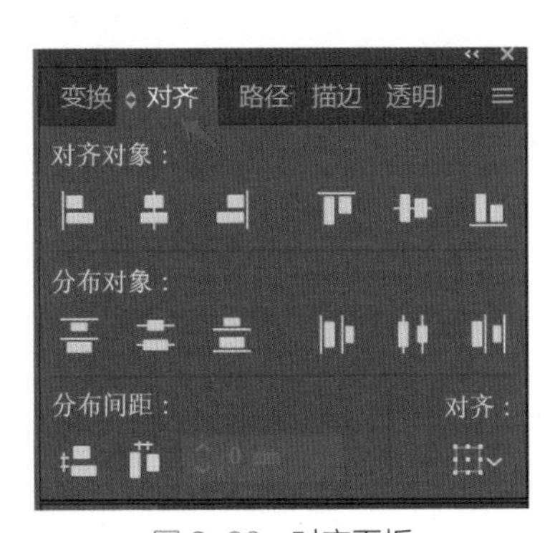

图 2-38 对齐面板

7. 路径面板

点选两个以上的图形后，按所需路径方式选择相应的路径工具。以两个相交的圆形为例：画两个圆形，全部选取（图 2-39）。

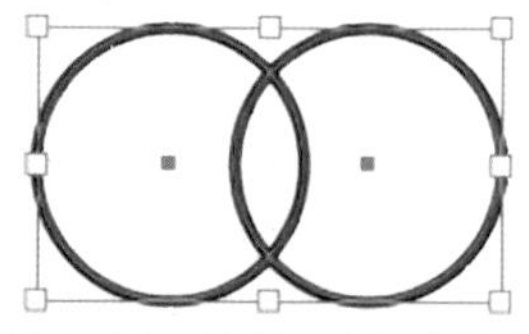

图 2-39 绘制两个相交的圆

联集：相交的两个圆形，合并为一个封闭路径图形（图 2-40）。

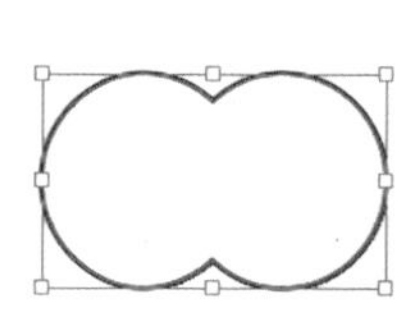

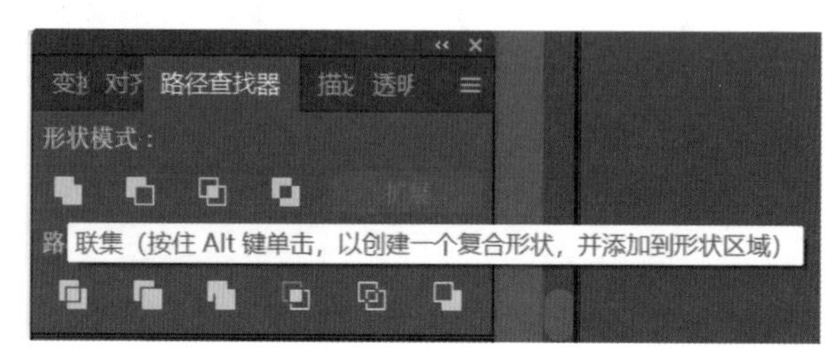

图 2-40 联集

减去顶层：相交的两个圆形，在上层的圆形会被减去（图 2-41）。

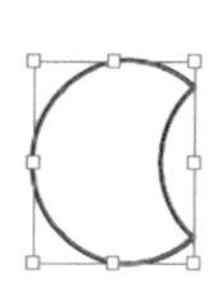

图 2-41 减去顶层

交集：相交的两个圆形，左右两侧的图案会被减去，剩下相交的图形（图 2-42）。

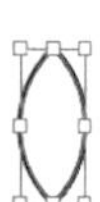

图 2-42 交集

差集：相交的两个圆形，中间重叠的图形会被减去（图 2-43）。

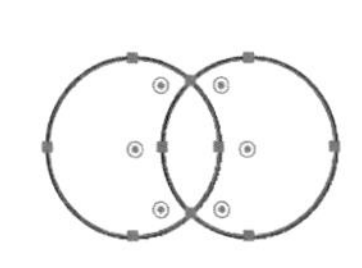

图 2-43　差集

最后差集的路径选取后，单击鼠标右键出现下栏，选择“取消编组”，两个交集的圆形图案，可以分解为各自的形态，中间重叠的部分会被减去（图 2-44）。

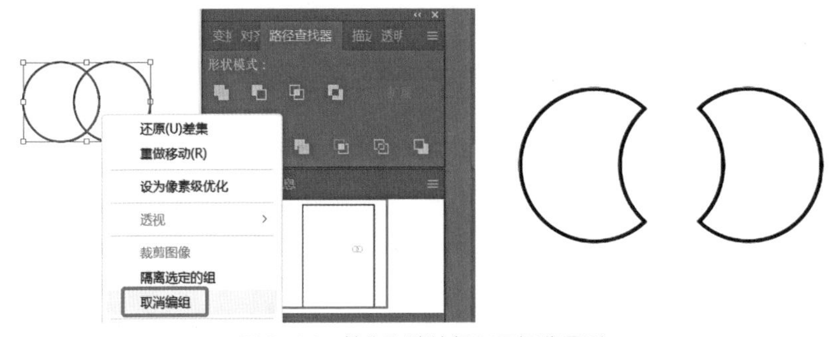

图 2-44　差集取消编组即可拆分图形

小贴士

工具快捷键

新建文件：Ctrl+N；

关闭：Ctrl+W；

存储：Ctrl+S（作图时要经常按下保存，避免软件不稳定、断电等导致文件丢失）；

存储为：Ctrl+Shift+S（存第二版或存储为 PDF）；

导出为（JPG）：Ctrl+E；

退出：Ctrl+Q（关闭整个软件）。

一、吊坠项链各种形态图示

吊坠项链示例（图 2-45）。

图 2-45　吊坠项链示例

二、任务单

（1）先用矩形工具绘制一个圆形，按通常吊坠的大小比例，设置圆形尺寸为 12mm。作过圆形中心点的十字辅助线（图 2-46）。

（2）假设这款小圆圈项链，镶嵌小圆钻为 1.3mm，镶嵌技法为无边微钉镶。严谨的画法，需要结合镶嵌工艺中的一些具体数据绘制（如无边微钉镶在镶石时，钻石与最外金边需预留 0.15mm 的距离），可计算出圆钻两边需与金边各预留 0.15mm 的距离，共 0.3mm，加上圆钻 1.3mm 的大小，运用偏移路径工具快捷键“Ctrl+\”，偏移 -1.6mm 的数值（图 2-47）。

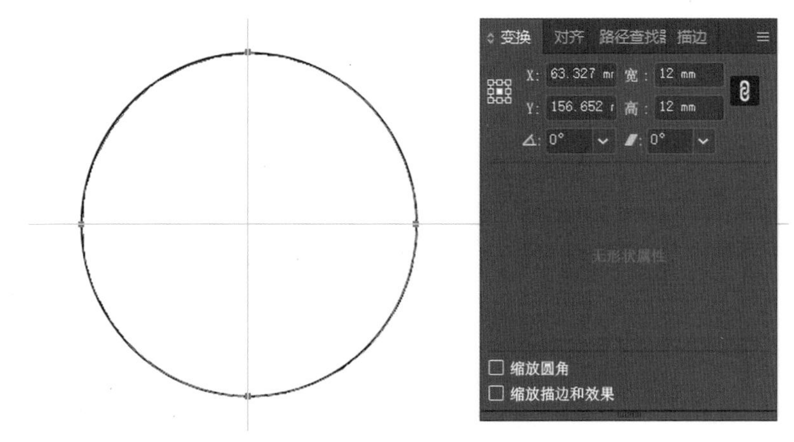

图 2-46 绘制圆形

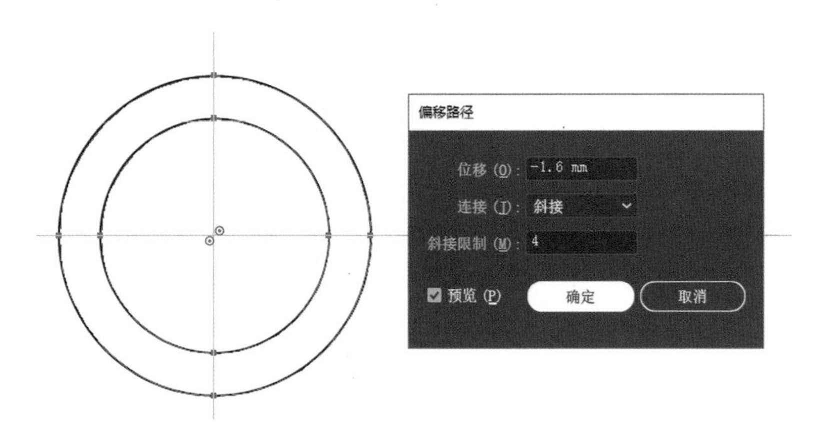

图 2-47 偏移路径

（3）选中这两个圆形，在路径查找器里点击“差集”，吊坠的图形就单独创建出来了（图 2-48）。点击色板选择金属色，可进行上色（图 2-49）。

（4）选取图形进行偏移路径，快捷键“Ctrl+\”，偏移 -0.15mm 的数值。目的是根据镶石工艺数据，先画好钻石排布的范围，作为绘制内部钻石分布的辅助（图 2-50）。

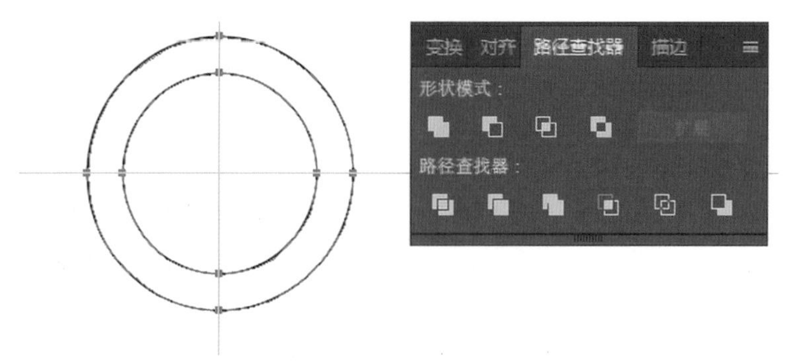

图 2-48　差集剪出圆环

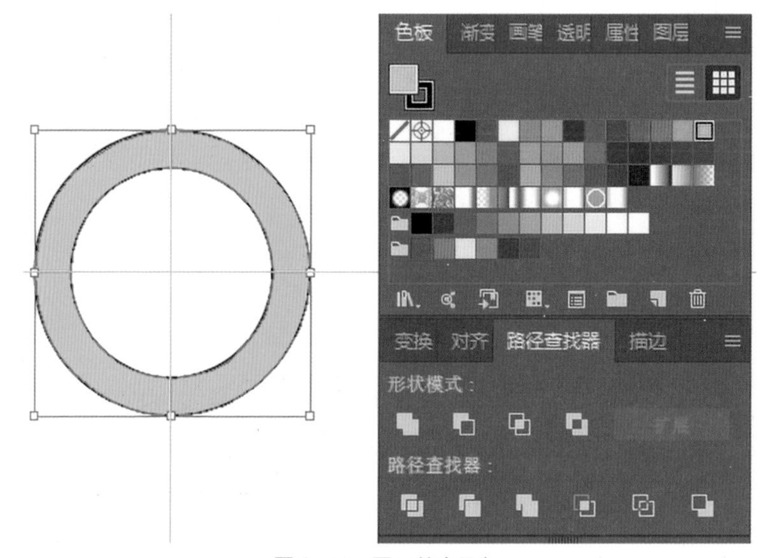

图 2-49　圆环着金属色

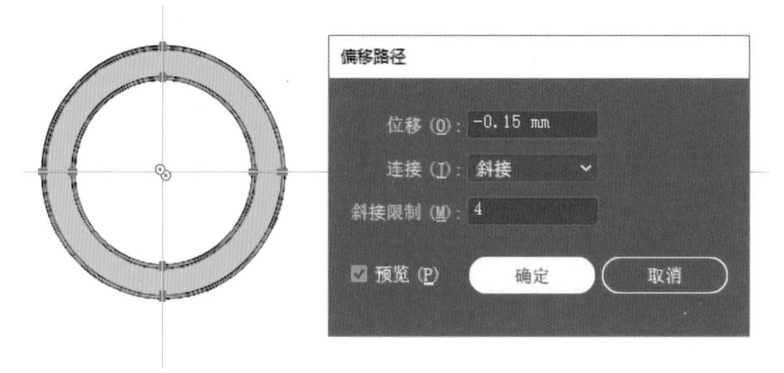

图 2-50　做起钉镶槽位

（5）在内圆圈内，绘制一颗直径 1.3mm 的圆形钻石。钉的直径为 0.35mm。将一颗钻石、4 颗钉作为一组画好，然后单击鼠标右键选择“编组”进行组合，方便之后选取（图 2-51）。

（6）用旋转复制工具，快速排好整圈钻石。选取这组钻石，左手按 R 键，右手鼠标显示为十字时，移到辅助线中心点，单击鼠标左键。鼠标移到这组钻石，左手按 Alt 键，出现双箭头，表示已是复制模式，鼠标拖动这组钻石图形往左边排列移动（图 2-52）。

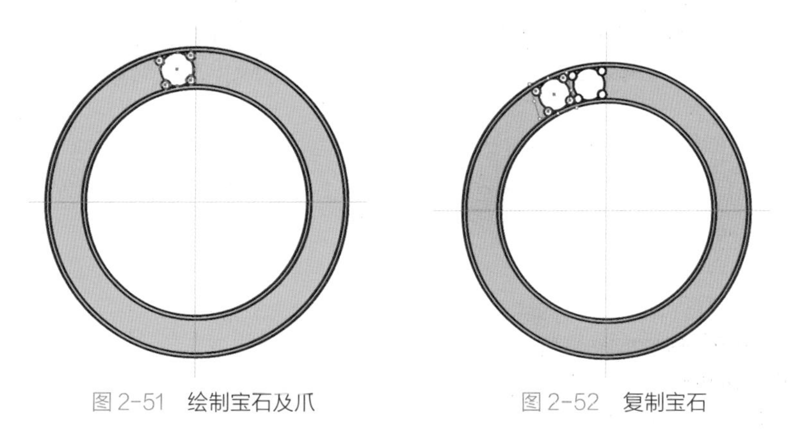

图 2-51 绘制宝石及爪　　图 2-52 复制宝石

移动一组后松开鼠标左键，按“Ctrl+D”，为“复制上一步动作”的模式，可一直按“Ctrl+D”复制这组钻石直到排完。然后将内圈的线删除，就是无边微钉镶的小项圈（图 2-53）。也可以先排好四分之一圈的钻石，其余用镜像工具水平和垂直复制。

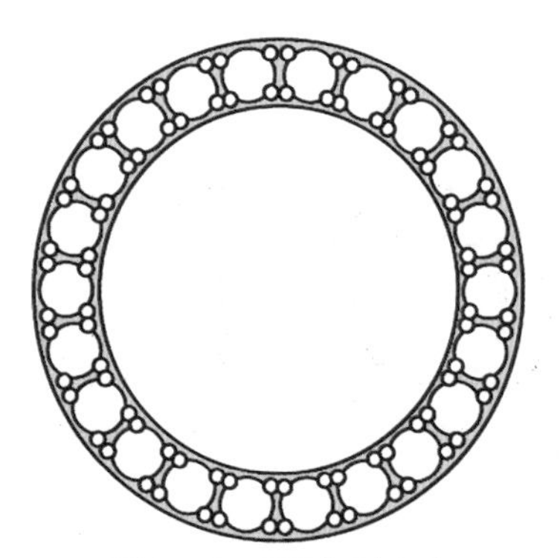

图 2-53 重复复制完成

（7）画链子。可按横直扣的正常圆圈链造型，先画一个小圆圈约 1mm，一般圈链的最小线径为 0.35mm，偏移路径用快捷键“Ctrl+\”，偏移 0.35mm（图 2-54）。

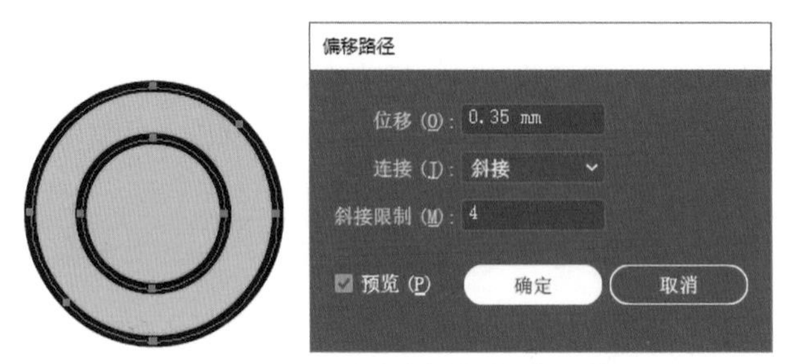

图 2-54　偏移路径绘制同心圆

（8）选取圆圈后，在路径查找器里点击“差集”，链子的单个图形就创建出来了（图 2-55）。

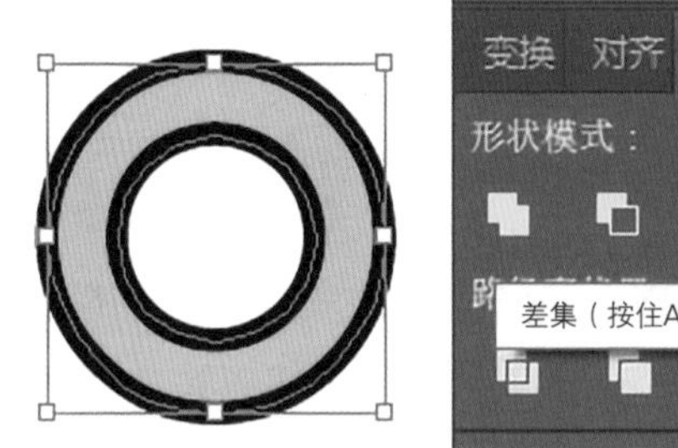
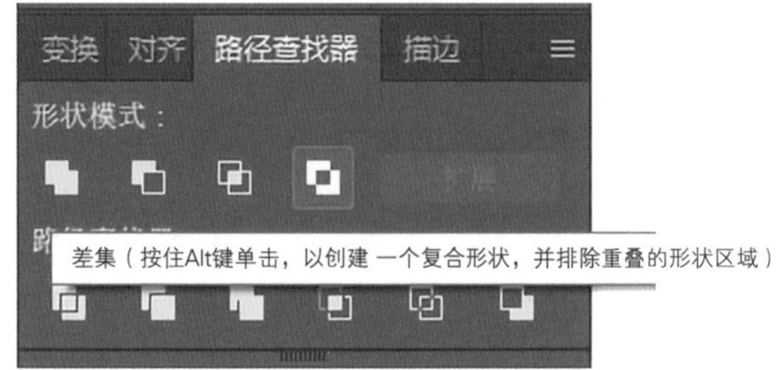

图 2-55　差集得到链子圆环

（9）根据圆圈的大小，高取 1.167mm，宽取线径的大小 0.35mm，画一个矩形，并在两端倒圆角（图 2-56）。

图 2-56　绘制等高的侧视图

（10）将直圈与横圈对齐，这一组横直圈就完成了。用鼠标右键选择

“编组”进行组合，可方便后期的选取、复制、移动（图 2-57）。

（11）将直圈与横圈选中后，运用复制上一步动作的功能，将一组链子排列出来。向上移动一组后松开鼠标左键，同时按“Ctrl+D”，为“复制上一步动作”的模式，可一直按“Ctrl+D”，复制所需的链子长度（图 2-58）。

图 2-57　组成一组横直圈并编组

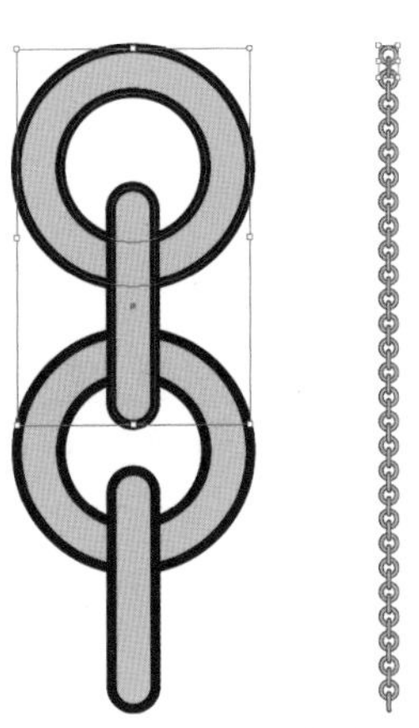

图 2-58　复制完成链条

（12）将这组链子选取后，点击画笔工具中的“新建画笔”（图 2-59），弹出对话框后选择“艺术画笔”（图 2-60），设置好画笔参数后，在“艺术画笔选项”里按“确定”，就创建了一个新的链子画笔（图 2-61、图 2-62）。

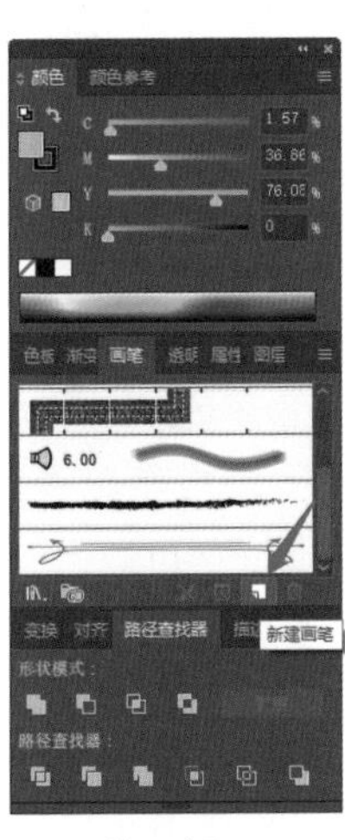

图 2-59　画笔面板

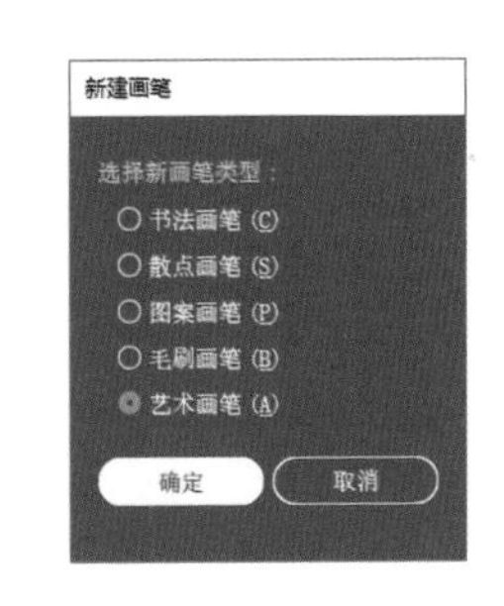

图 2-60　新建画笔

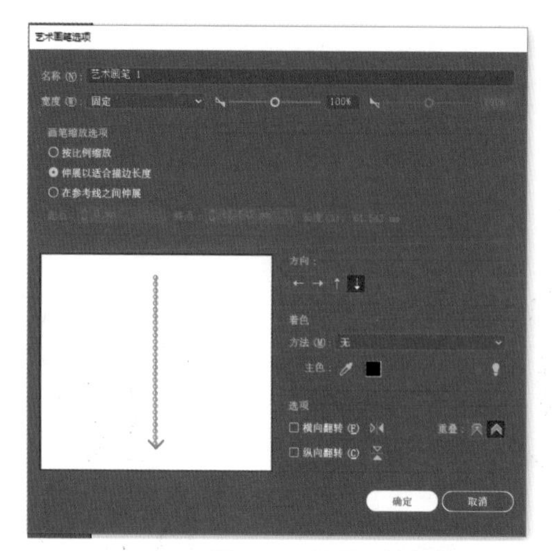

图 2-61　设置画笔参数

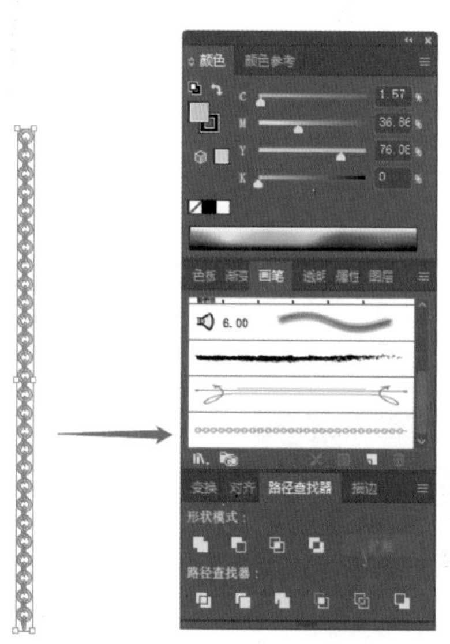

图 2-62　完成链条画笔素材

（13）可任意画一线条，直线、斜线、曲线都可以，作为链子的形态路径。选取线条后，点击画笔工具里刚才新建的链子画笔，就变成不同形态的链子了（图 2-63）。

（14）链子需调整大小时，先在菜单栏的“对象”选项中选择“扩展外观”。将画笔路径线变成圈链的线框，就可按比例进行缩放（图 2-64，图 2-65）。

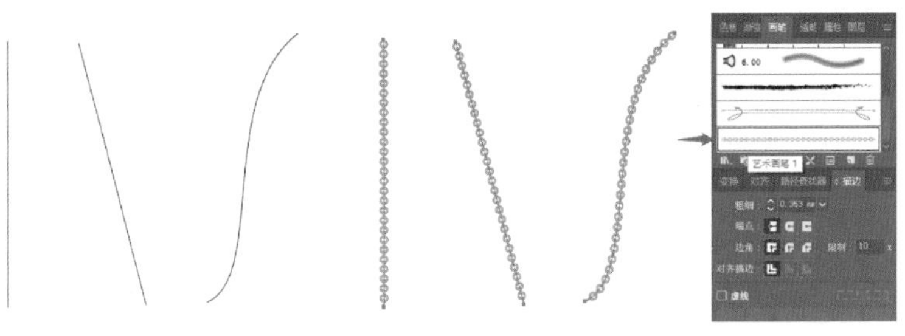

图 2-63 运用链条画笔

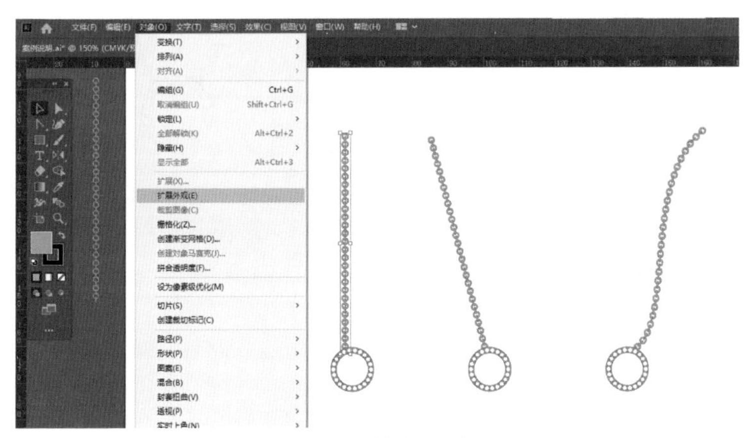

图 2-64 等比例缩放

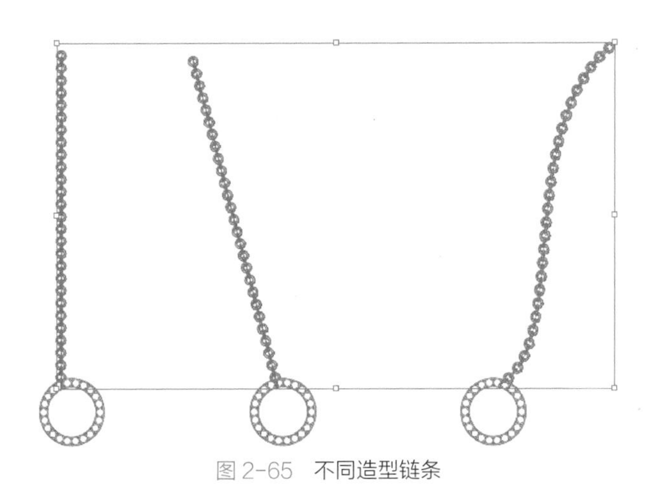
图 2-65 不同造型链条

（15）选中画好的链子，运用镜像工具，垂直复制另一边，摆在吊坠的上方，用缩放工具调整链子的大小符合比例即可。一款简约的镶钻吊坠项链就完成了（图 2-66）。

图 2-66　完成吊坠

三、课后练习

完成吊坠项链设计图的临摹，小组讨论用这款软件完成项链产品的绘制有什么优势。

一、条戒图示

条戒示例（图 2-67）。

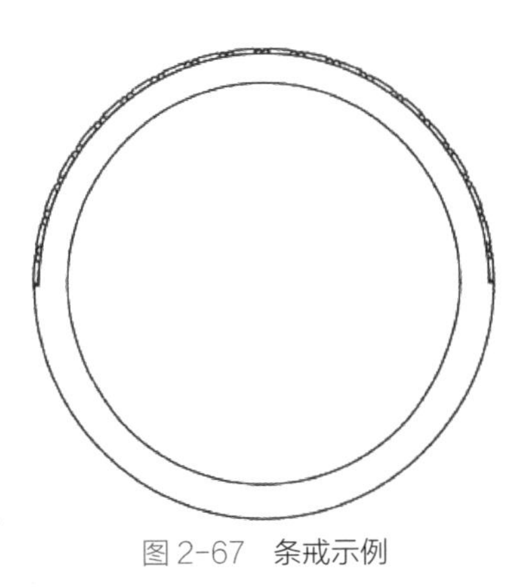

图 2-67 条戒示例

二、任务单

（1）先用圆形工具画一个圆，设置圆内径为 16.5mm，作为戒指的手寸（首饰画图中戒指的手寸标准值为港度 13 号，即 16.5mm）（图 2-68）。

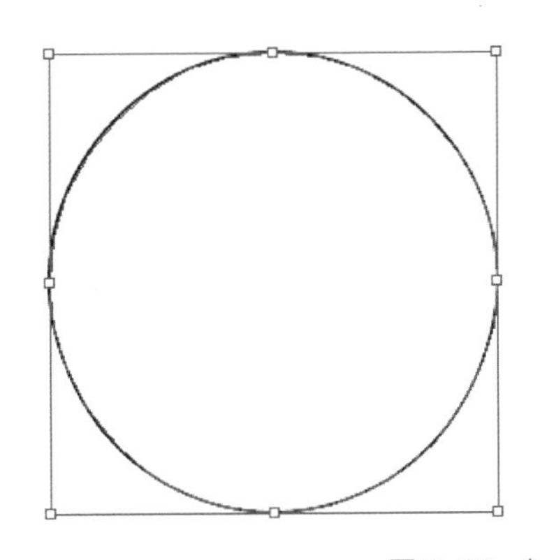

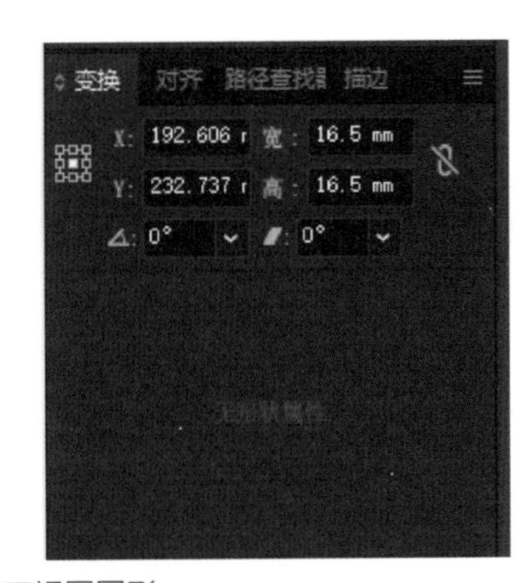

图 2-68 绘制正视图圆形

（2）选取圆形后，使用偏移路径，快捷键“Ctrl+\”，输入位移数值 1.3mm（按正常戒臂厚度 1.2 ～ 1.3mm 均可，也可根据设计的款式厚度需要，调整厚度数值）（图 2-69）。

（3）拉出辅助线，帮助图形对称画图（图 2-70）。

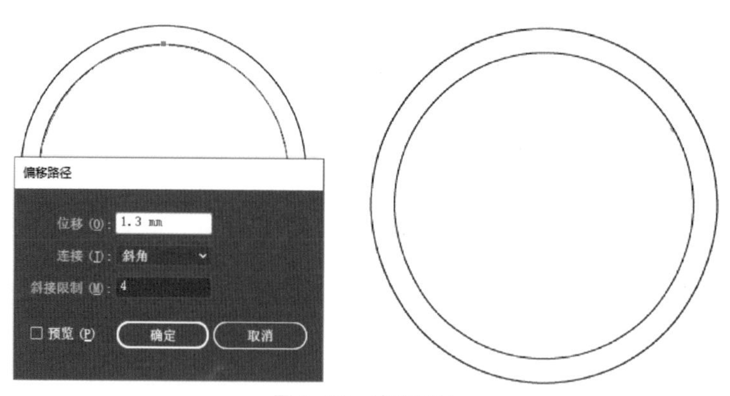

图 2-69 偏移路径

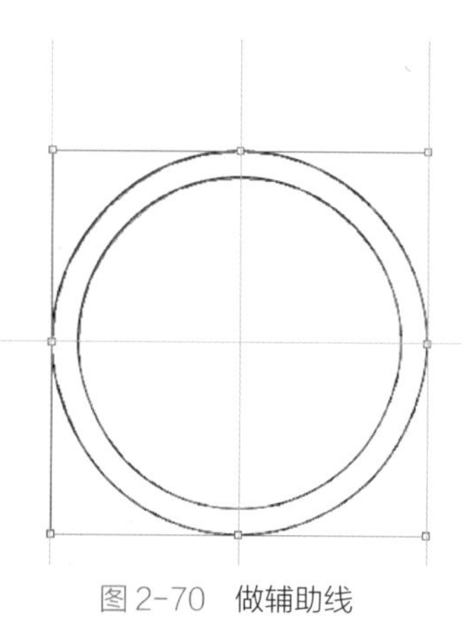

图 2-70 做辅助线

（4）画戒指的顶视图。在辅助线的帮助下，用矩形工具画一个条戒的造型，条戒宽度设置为 1.6mm（图 2-71）。

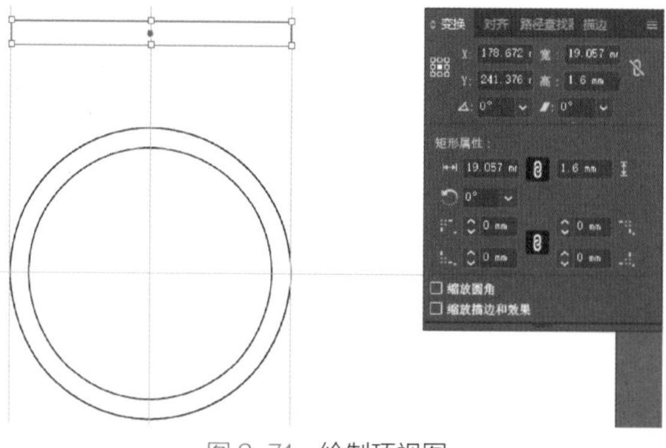

图 2-71 绘制顶视图

（5）做戒指顶视图的十字辅助线，找到戒指的中心点，确定宝石的排列位置，开始画镶石部分（图 2-72）。

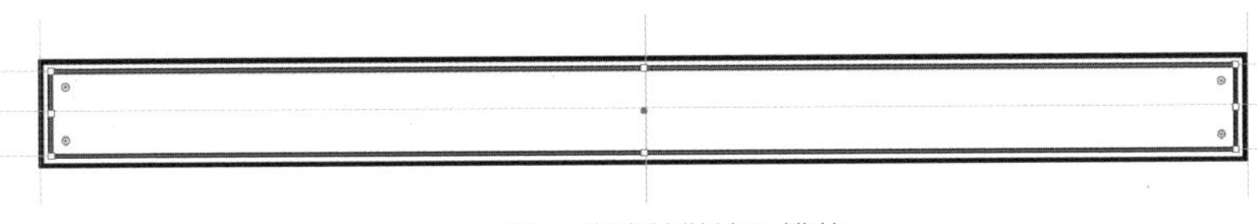

图 2-72　偏移并做镶石槽位

（6）画好辅助线后，删除偏移路径的线框，开始画镶嵌的钻石（图 2-73）。

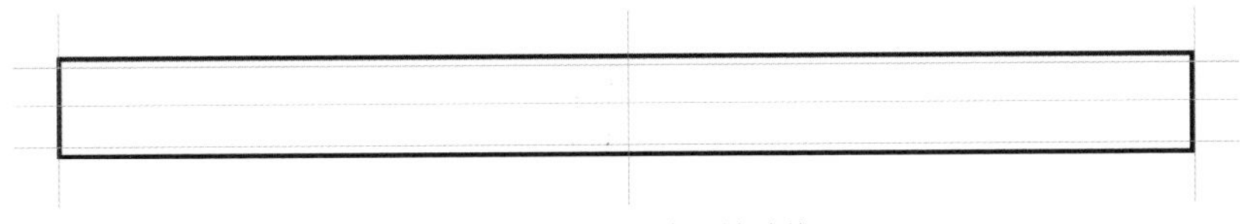

图 2-73　绘制镶石辅助线

（7）从中点线的左侧开始画起，以内偏移后的参考线为标准，钻石图形不要超出内框辅助线。

画出来的一颗钻石和 4 颗钉，钻石直径约 1.3mm，钉的直径为 0.35mm，先画好一组（图 2-74）。

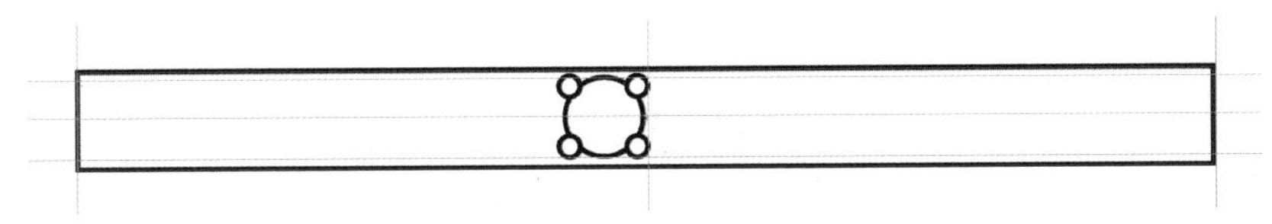

图 2-74　绘制钻石和钉

选取这组，单击鼠标右键选择“编组”（图 2-75）。

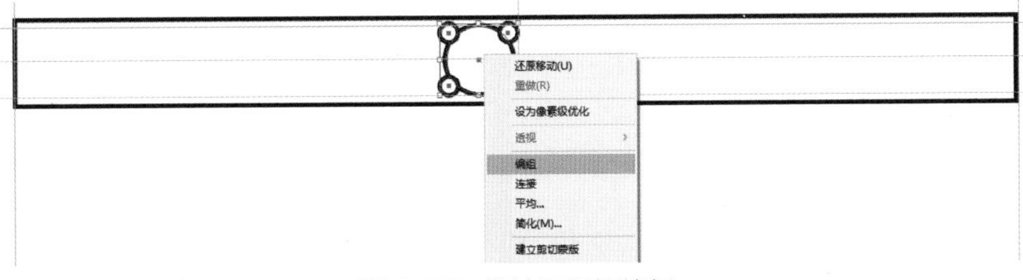

图 2-75　将钻石和钉编组

（8）先参照顶视图画出这组钻石的侧面（图2-76），再将这组钻石的侧面放到戒指正视图对应的位置，沿着外轮廓线（图2-77）。

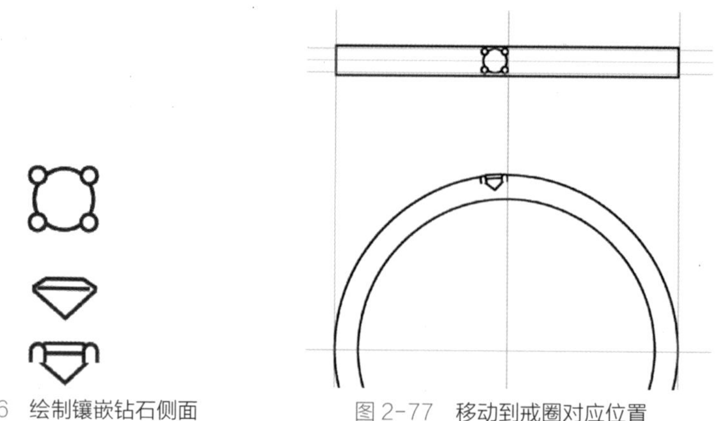

图2-76　绘制镶嵌钻石侧面

图2-77　移动到戒圈对应位置

（9）选取这组钻石侧面，按快捷键“R”，鼠标显示为十字时，移到辅助线中心点，鼠标左键点击一下，按Alt键，出现双箭头，表示已是复制模式，鼠标拖动这组侧面图形往左边排列移动（图2-78）。

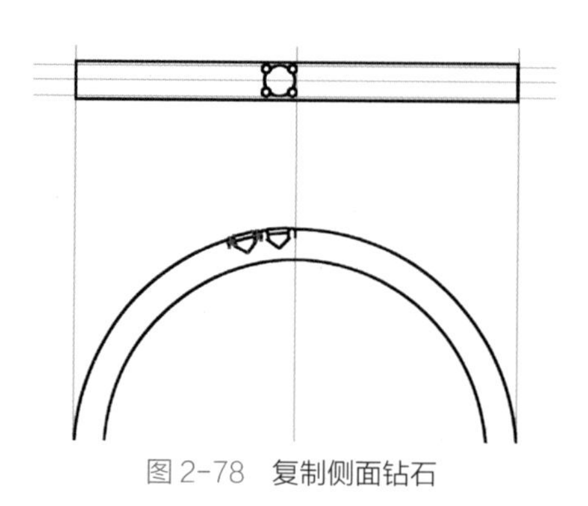

图2-78　复制侧面钻石

（10）移动一组后松开鼠标左键，按“Ctrl+D”，为“复制上一步动作”的模式，进行复制可一直按“Ctrl+D”复制侧面钻石至中线位置（图2-79）。

（11）运用镜像工具，将左侧这组钻石侧面全部选取，按快捷键“R”，鼠标变成十字后移动到中线对齐，按Alt键，同时单击鼠标左键，弹出“镜像”对话框，轴选择“垂直”，点击“复制”。戒指侧面钻石就排好了（图2-80）。

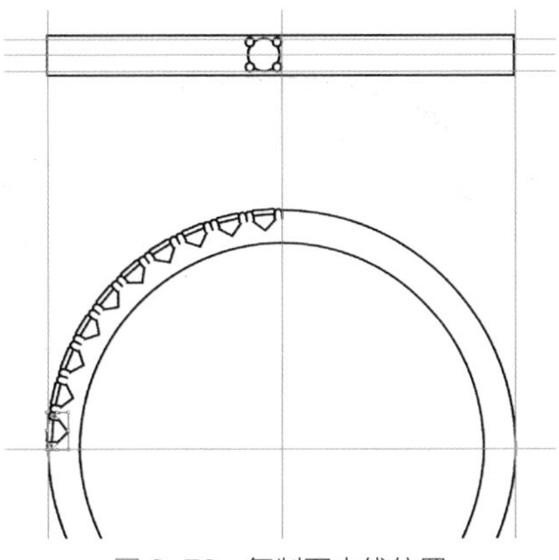

图 2-79 复制至中线位置

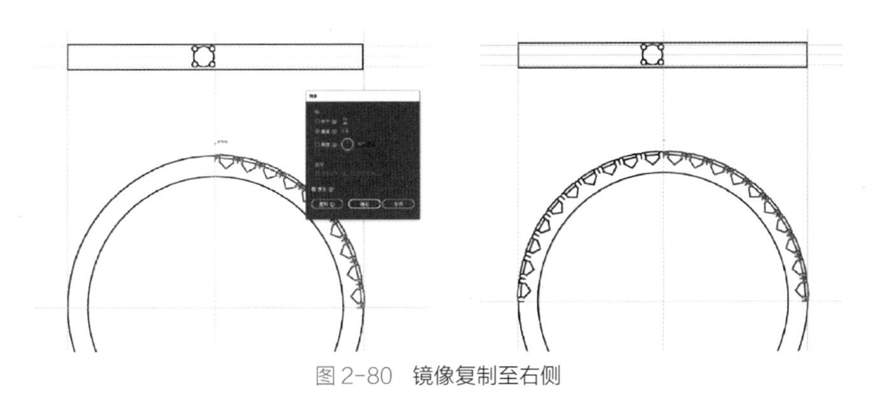

图 2-80 镜像复制至右侧

（12）将侧面钻石全部选取，单击鼠标右键选择“编组”，方便移动选取。然后快捷键“Ctrl+Shift+[”，将钻石侧面放到图层最后面（图 2-81）。

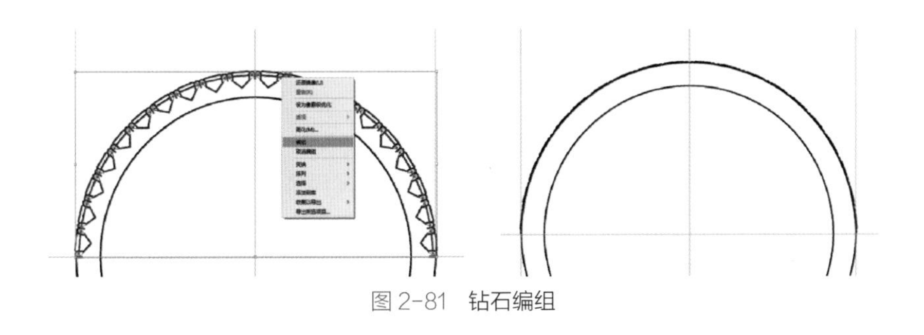

图 2-81 钻石编组

（13）无边微钉镶镶嵌后比金面低一些，移动图形描点将戒指侧面低一些的细节画出来（图 2-82）。

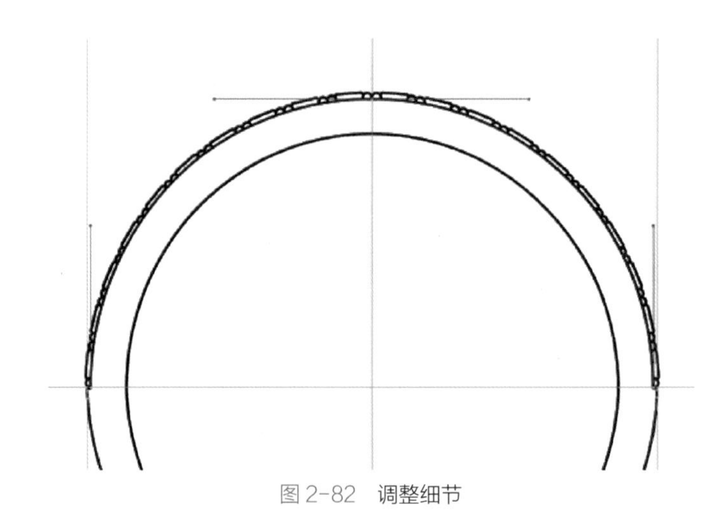

图 2-82　调整细节

（14）可将辅助线拉到正视图戒指每组的钉之间，作为顶视图每组钻石和钉移动的范围线（图 2-83）。

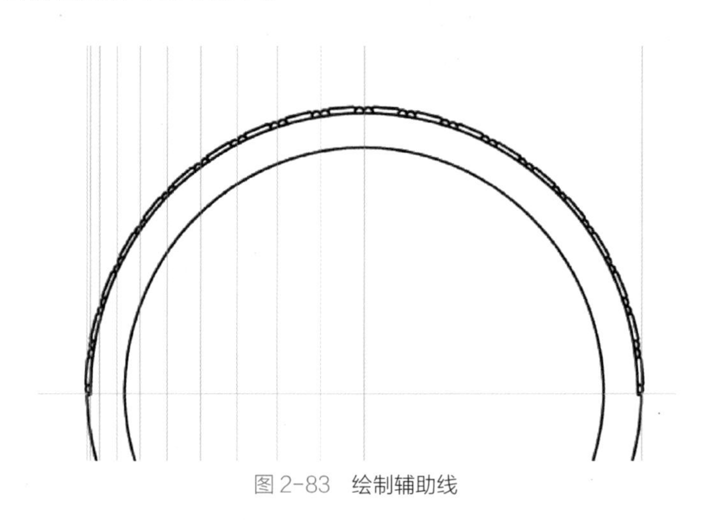

图 2-83　绘制辅助线

（15）按辅助线位置，移动顶视图每组的钻石和钉向左排列（图 2-84）。

（16）运用镜像工具，将顶视图左侧排好的钻石全部选取，按快捷键“R”，鼠标变成十字后移动到中线对齐，按 Alt 键，同时按下鼠标左键，弹出“镜像”对话框，轴选择“垂直”，点击“复制”。戒指顶视图的钻石就排好了（图 2-85）。

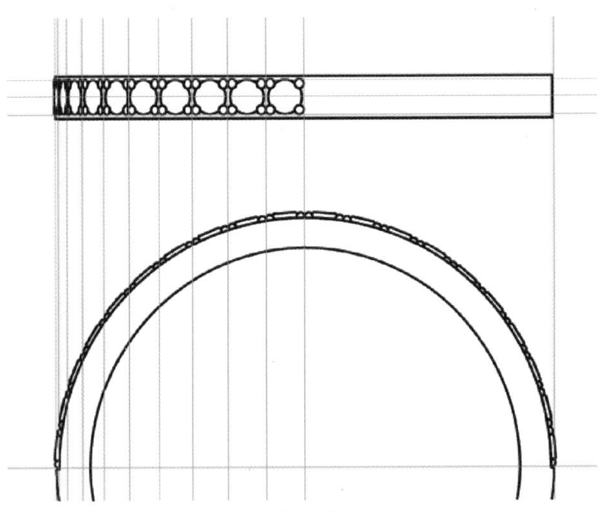

图 2-84　对应位置绘制顶视图钻石

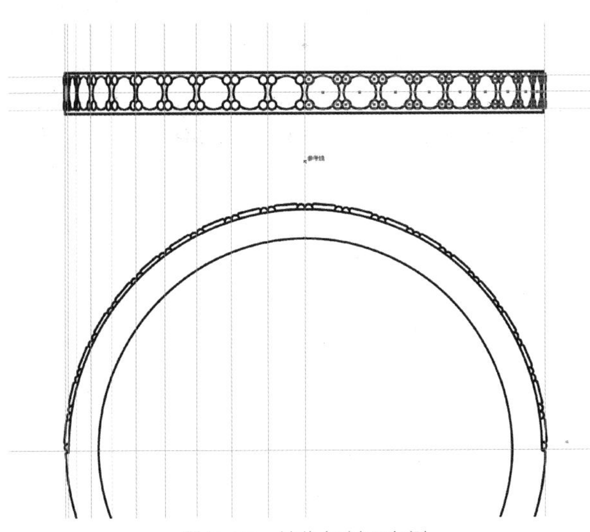

图 2-85　镜像复制至右侧

（17）单击鼠标右键选择“隐藏参考线”，就完成了条戒的基础线图（图 2-86）。

（18）进阶练习——条戒线稿上色。

① 先将戒指所需的 18K 白的金属颜色，按明、暗、灰、高光几个色阶，用渐变工具选好（图 2-87）。

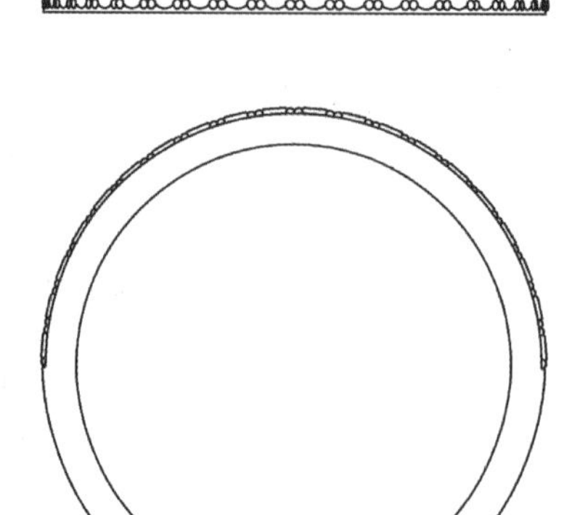

图 2-86 隐藏参考线

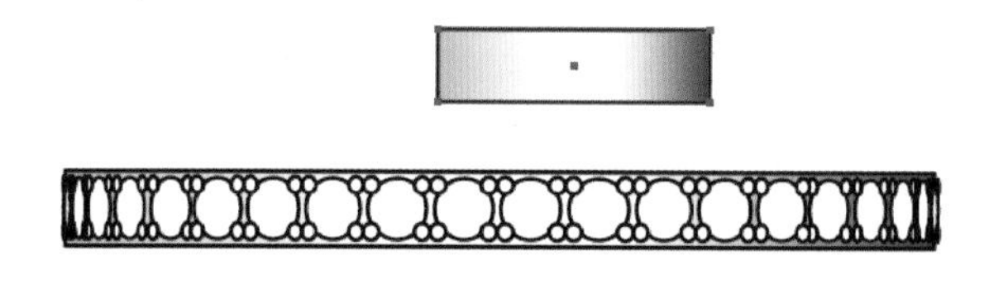

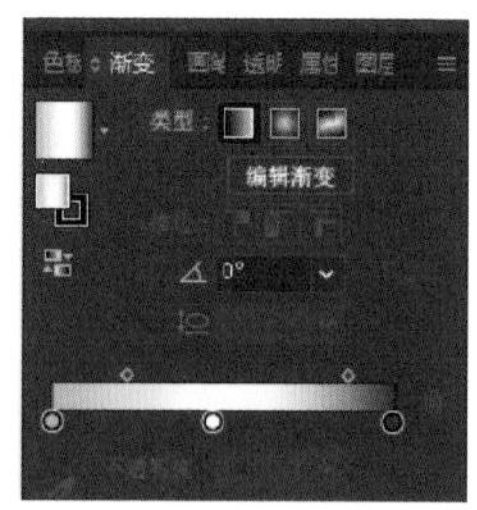

图 2-87 渐变面板设置金属渐变色

② 打开“色板”，点击右下角“新建色板”，将设置好的 18K 白金属颜色保存为一个新的色板，这个渐变效果就会生成为一个色板图标出现在色板的序列中。选择顶视图的矩形框，点击选取刚刚创建好的 18K 白金属色板，就完成上色（图 2-88）。

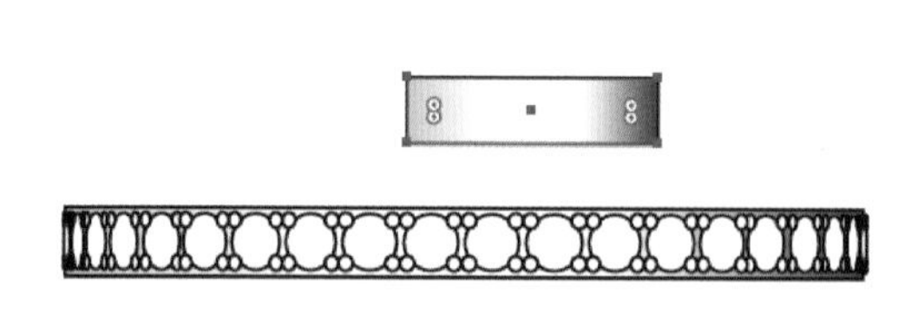

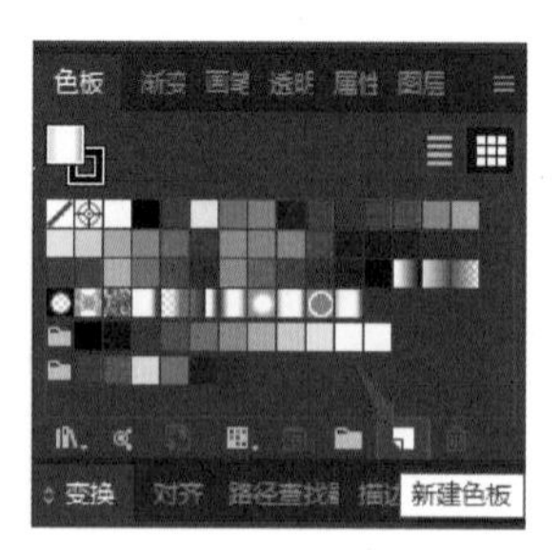

图 2-88 保存色板

以后需要绘制 18K 白的产品时也可以直接点击使用，不用重复设置。

③ 选取戒指正视图的戒臂线框，在路径查找器里点击“差集”，戒臂就单独创建出来了（图 2-89）。

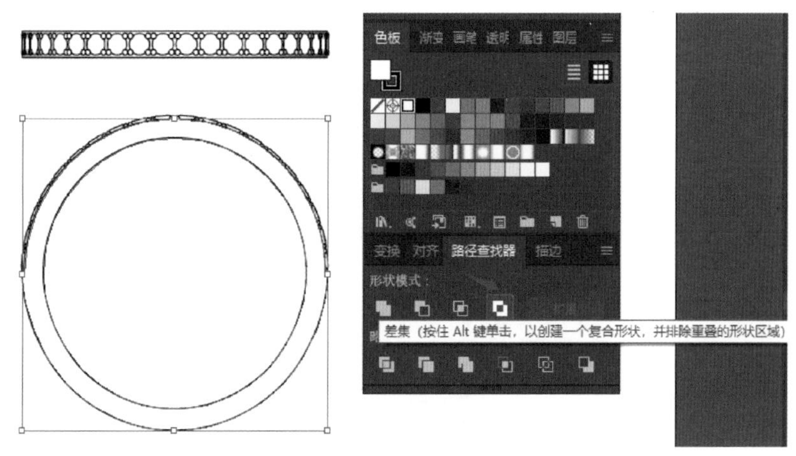

图 2-89 正视图作差集

④ 点击色板中刚才新建的“18K 白”色板，进行上色。选取图形按快捷键“G”，可出现渐变的调整拉杆，按需要调整颜色的描点位置，或点击描点进行颜色的重新选取，戒指的基本上色就完成了（图 2-90）。

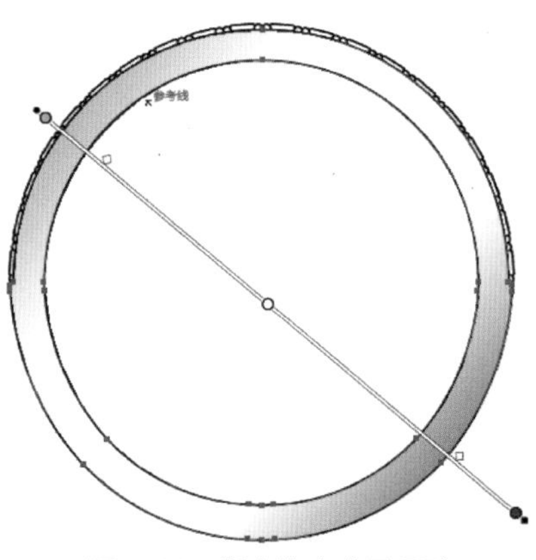

图 2-90 渐变填充戒圈环形

⑤ 为使戒指看起来更逼真，还可以上色一个戒臂内壁的效果图层。通过偏移路径的方法，生成一个内壁的图层，内壁偏移 0.25mm 左右，然后进行颜色的调整（图 2-91）。

图 2-91 偏移路径作内壁面

⑥ 渐变选择“径向渐变”，按快捷键“G”，调整颜色描点位置（图 2-92）。

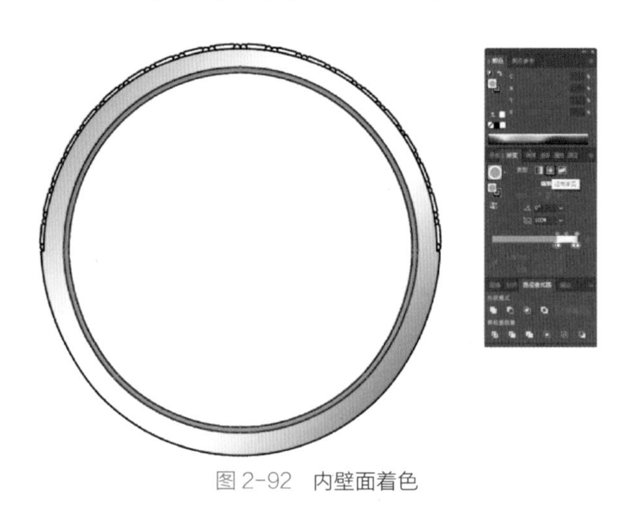

图 2-92 内壁面着色

⑦ 将内壁的外轮廓线选择为无色。按快捷键“G”，调整渐变描点的颜色，达到所需的效果即可（图 2-93）。

⑧ 条戒的上色基本完成（图 2-94）。

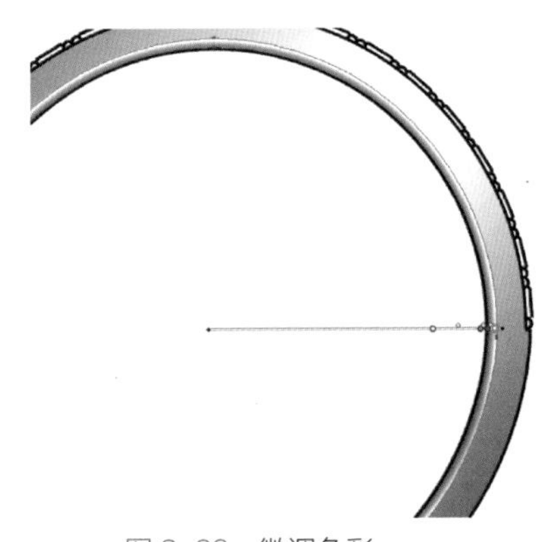

图 2-93 微调色彩

图 2-94 完成戒指顶视图和正视图

三、课后练习

先手绘完成一款条戒的三视图，根据三视图用 Adobe Illustrator 完成绘制。

一、钻戒拆解分析图示

钻戒示例（图 2-95）。

看图先分析并拆解戒指的组成部分，分别画出每个部分。顶视图由钻石、爪、戒臂组成，正视图由钻石、花头、左右戒臂组成（图 2-96）。熟练运用钢笔工具，准确绘制各种图形，有助于提高绘图的速度。

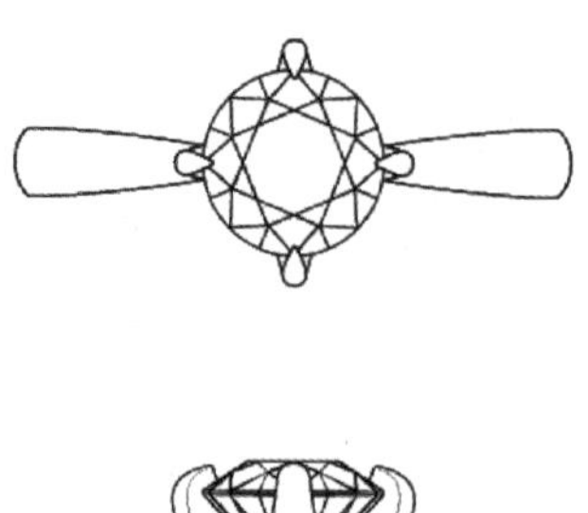

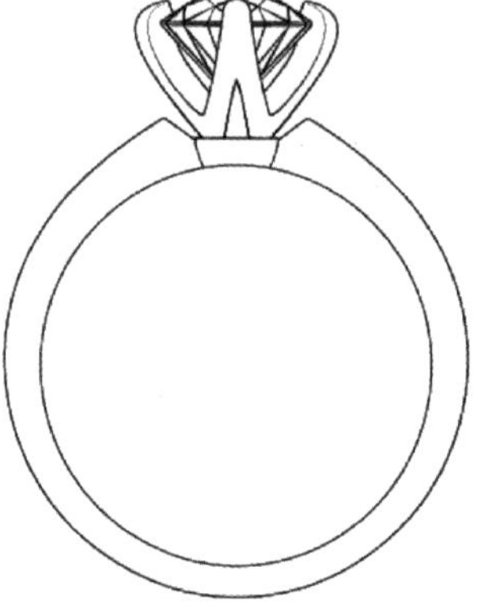

图 2-95 钻戒示例

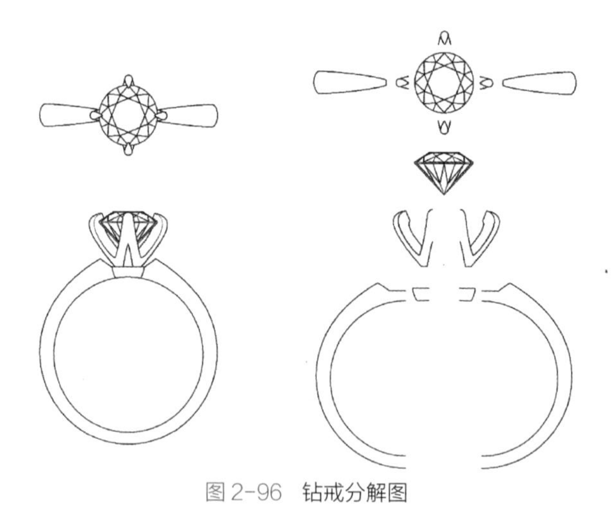

图 2-96 钻戒分解图

通过拆解还可以看出，很多对称性的部分，只需画一侧，利用镜像工具复制就可以完成戒指的整体。

二、任务单

（1）临摹1克拉钻石戒指线稿。将原图片的线条颜色换成另一种颜色，透明度设置为50%左右，也可按自己需要的数值设置，方便临摹画图的对比。按Ctrl+2键，锁定图片不被选取和移动。并拉好中心十字辅助线（图2-97）。

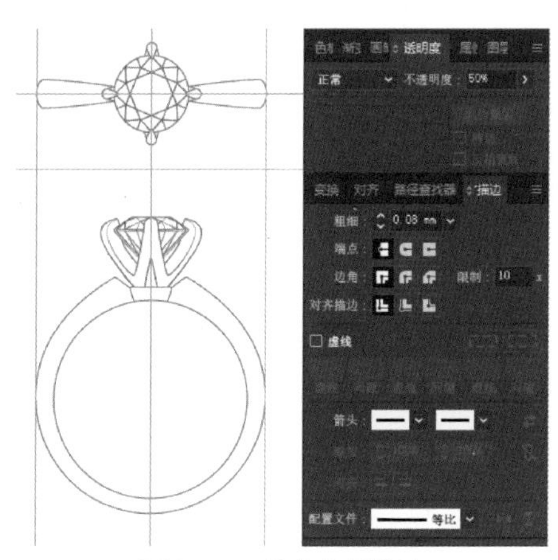

图2-97 锁定案例线稿

（2）先用圆形工具画一个圆，设置圆形直径6.5mm（1克拉圆钻型钻石的直径为6.5mm）。用钢笔工具描绘1/8钻石切面图形（图2-98）。

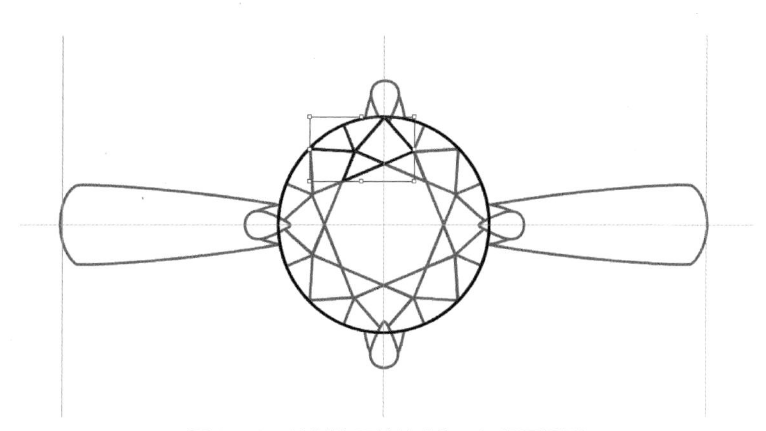

图2-98 绘制钻石外轮廓与1/8切面图形

（3）利用旋转复制工具，即可排完剩下的切面。1/8钻石切面画好后选取，按快捷键“R”，鼠标显示十字后移动到中心点，按Alt键，单击鼠标左键弹出“旋转”对话框，输入角度“45°”，选择“复制”，即可完成一组钻石切面的 45°复制。点击“复制”后，再按 Ctrl+D 键，复制上一步动作，即可排完整个钻石切面。然后将整个钻石面选取，单击鼠标右键进行编组，方便之后的图层选取（图 2-99）。

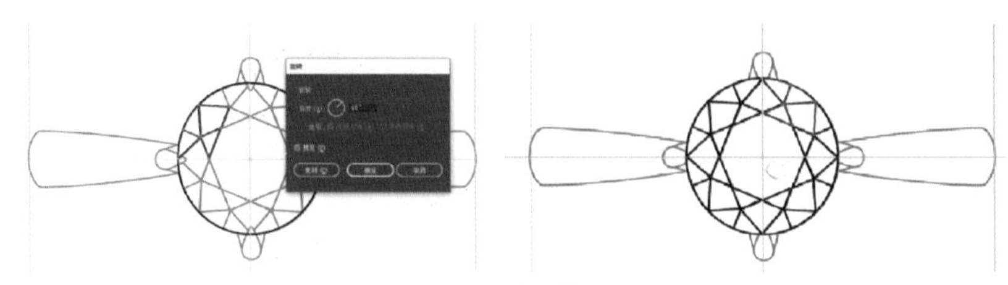

图 2-99　复制切面

（4）钢笔工具画好上方的一组爪。同上述步骤（2）和步骤（3），利用旋转复制工具，即可排完剩下的爪。选取上方画好的爪，按快捷键“R”，鼠标显示十字后移动到中心点，按 Alt 键，单击鼠标左键弹出“旋转”对话框，输入角度“90°”，选择“复制”，即可完成爪的 90°复制。

点击“复制”后，鼠标不要点击任何动作，按 Ctrl+D 键，复制上一步动作，即可排完 4 个爪。然后将 4 个爪选取，单击鼠标右键进行编组，方便之后的图层选取（图 2-100）。

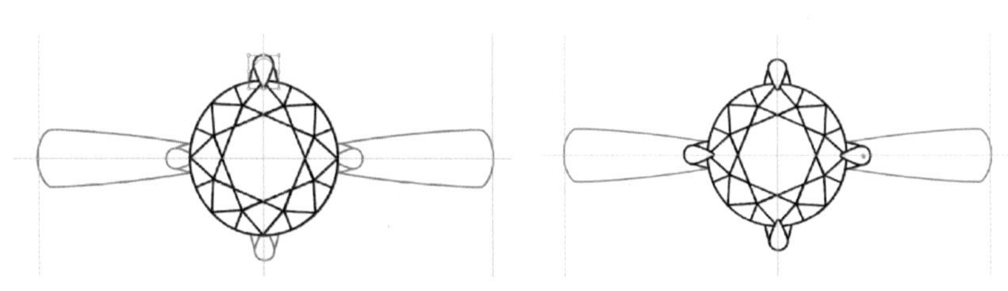

图 2-100　绘制爪并复制

（5）钢笔工具画好右侧戒臂，镜像工具垂直复制左侧戒臂（图 2-101）。即完成戒指顶视图（图 2-102）。

（6）钢笔工具画好左边的钻石切面，重复上述步骤（5），运用镜像工具对称复制画好钻石侧面（图 2-103）。

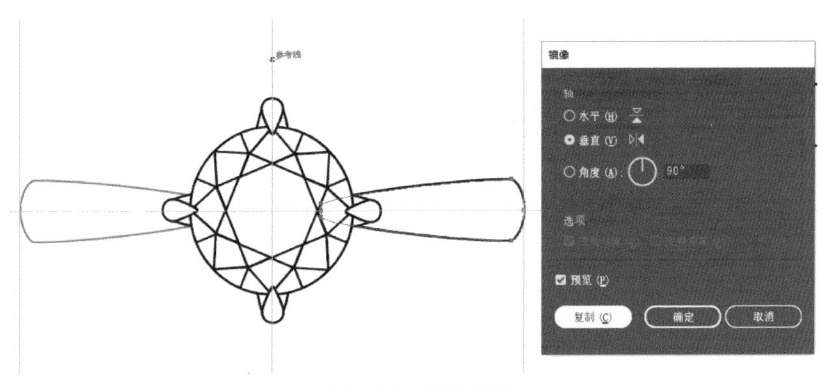

图 2-101 绘制戒臂

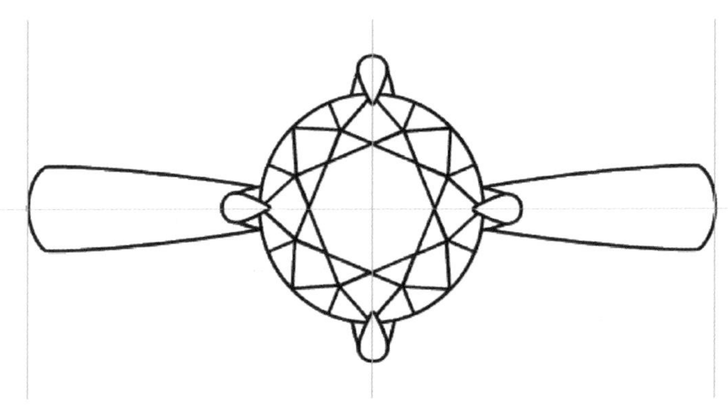

图 2-102 复制戒臂

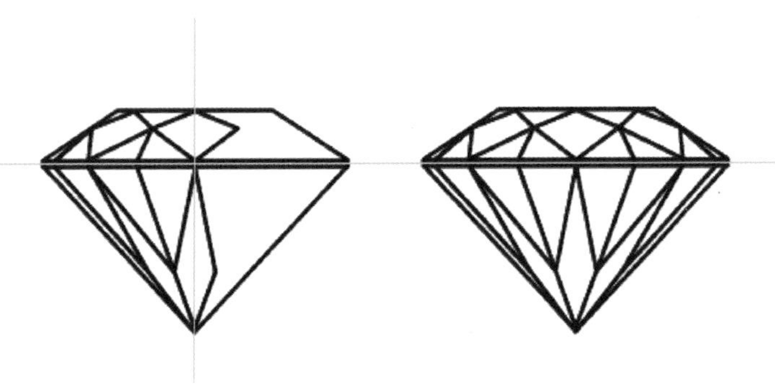

图 2-103 绘制钻石侧面

（7）钢笔工具画好左边花头及其与戒指连接位置的造型，再画好左侧戒臂，重复上述步骤，运用镜像工具对称复制，画好整个戒指正视图（图 2-104）。

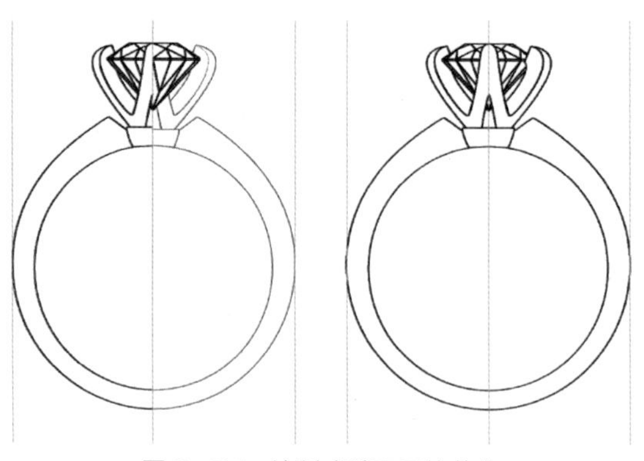

图 2-104　绘制戒臂和爪的花头

（8）绘制完成钻戒的顶视图和正视图线稿（图 2-105）。

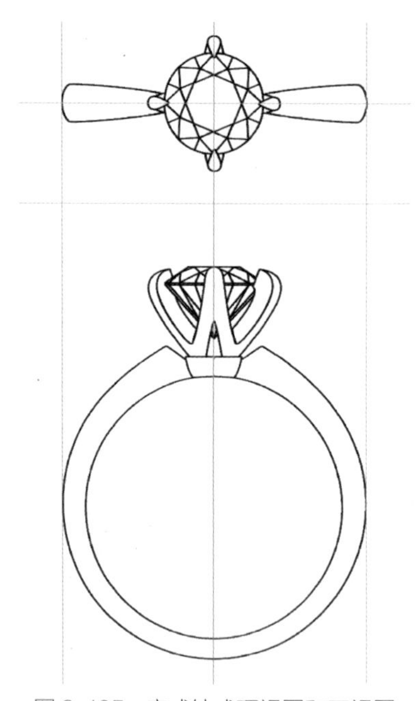

图 2-105　完成钻戒顶视图和正视图

（9）进阶练习——钻戒的线稿上色。

钻戒上色效果包括钻石的去底图，颜色色板的调整保存运用，不同颜色图层的叠加，明、暗、灰、高光线的局部添加等。

可找真钻的摄影图去底后，保存为 PNG 格式直接在 Adobe Illustrator 上贴图运用。18K 白的颜色渐变，可在色板上新建不同的渐变色块进行保存，方便选取图层时直接上色（图 2-106）。

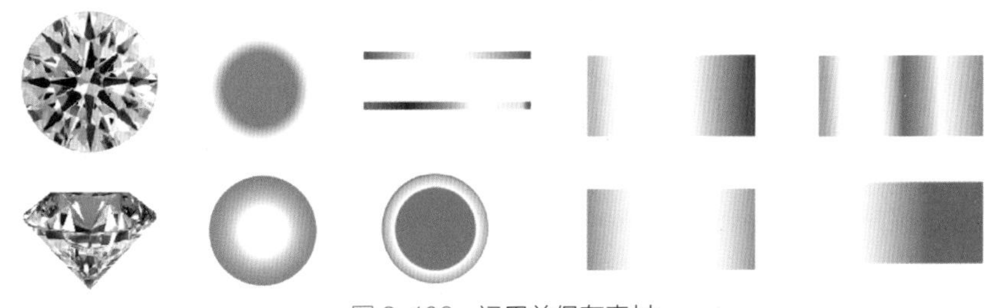

图 2-106 运用并保存素材

① 上色前，可先将线稿中两侧图形的中间接触描点，进行合并，这样上色能呈现整体的过渡。选取两侧图形中间接触的描点，单击鼠标右键选择“连接”，合并描点。将分隔的描点逐个“连接”起来（图 2-107、图 2-108）。

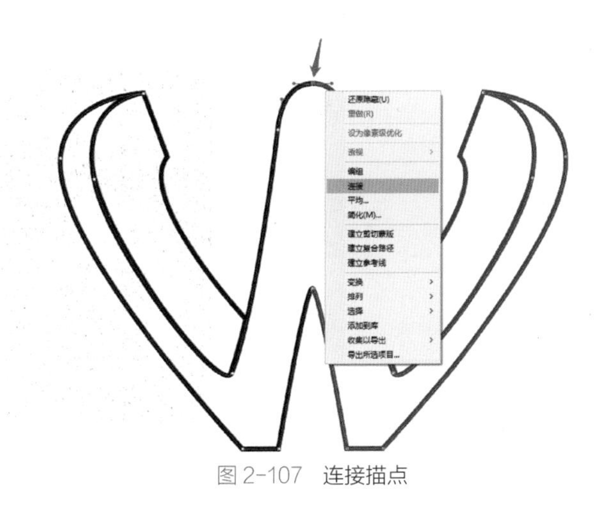

图 2-107 连接描点

② 选取钻戒的图层，点击建好的色板进行上色，再局部调整。调整色块时可按快捷键“G”，显示颜色拉杆时，点击描点进行颜色重新选择，并可移动调整描点的位置，达到所要的渐变效果。

如果需要更加逼真的实物效果，可以添加多个色板图层进行叠加，不同明暗线要局部点缀，营造立体自然的金属颜色过渡（图 2-109）。按所需的上色效果，进行练习即可。

图 2-108　逐个连接描点

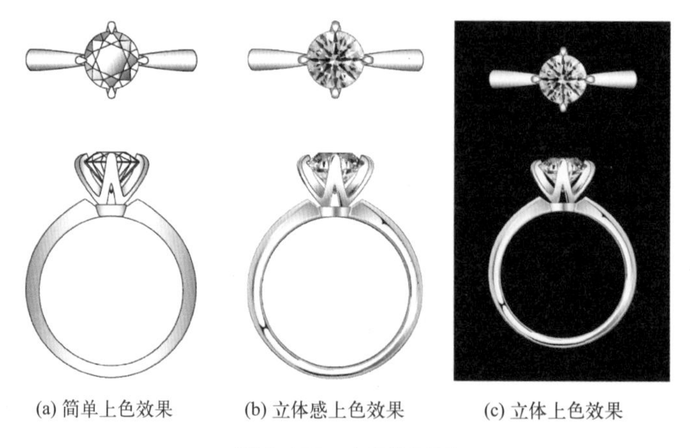

(a) 简单上色效果　　(b) 立体感上色效果　　(c) 立体上色效果

图 2-109　上色效果图

三、课后练习

根据案例的演示，选择一款手绘的钻戒，将它转化为 Adobe Illustrator 绘制图稿。

第三章

JewelCAD

JewelCAD 软件首饰设计概述

一、软件概述

JewelCAD 是用于珠宝首饰设计 / 制造的专业化软件，简称 JCAD。该软件不仅提高了珠宝首饰设计的效率和精度，同时也满足了市场对个性化、高品质珠宝首饰的起版需求。JCAD 的优势在于，它能够快速地绘制出珠宝首饰设计图，并且能够将设计图转换为三维模型，使设计师能够更好地展示设计思路。通过 JCAD 技术，设计师可以调整珠宝首饰的各种参数，如大小、形状、颜色和材质等，同时还可以通过模拟和渲染技术，将珠宝首饰设计呈现得更加真实、立体和美观。

二、JewelCAD 首饰设计基本操作

1. JewelCAD 界面介绍

JewelCAD 的界面由四大部分组成，分别是：菜单栏、工具列、状态栏和绘图区（图 3-1）。

（1）菜单栏　菜单栏由档案、编辑、检视、选取、复制、变形、曲线、曲面、杂项和说明十个部分组成（图 3-2）。JewelCAD 的全部功能都可以在

相应的菜单栏中找到。菜单栏中的大部分功能，都由工具列中的图标展示在了操作视图上，一般情况下，软件的操作大多使用快捷键或点选图标来完成。只有在缺少快捷键的情况下，才会去寻找菜单栏里的操作按钮。

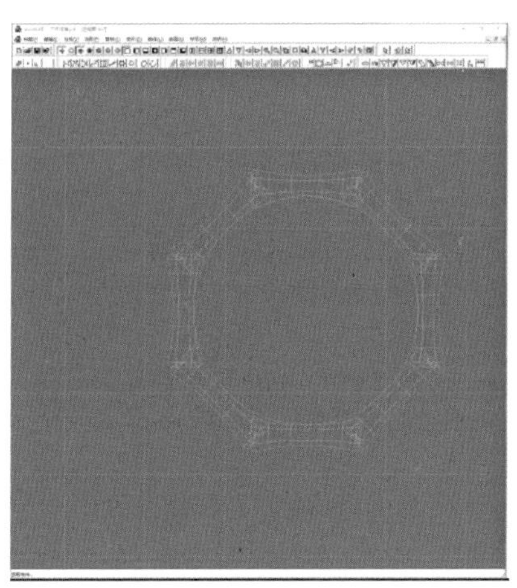

图 3-1 JewelCAD 界面

档案(F) 编辑(E) 检视(V) 选取(P) 复制(C) 变形(D) 曲线(U) 曲面(S) 杂项(M) 说明(H)

图 3-2 JewelCAD 菜单栏

（2）工具列 位于操作界面外围，为菜单栏中的命令，提供了一种快捷的操作方式。工具列中包含档案工具列、一般工具列、检视工具列、复制工具列、基本变形工具列和变形工具列、曲线工具列，曲面工具列（图 3-3）。

图 3-3 JewelCAD 工具列

（3）状态栏 状态栏能显示当前所选工具的操作和步骤，或显示相关的参数，如：测量参数、命令步骤，并且随着操作的变化，进行信息的提示。

（4）绘图区 绘图区是在操作软件的过程中对最终图像进行呈现和绘制的区域（图 3-4），占整个软件视图中的绝大部分。依据个人选择可以分为单视图和多视图模式。也可以根据绘图者的需求来调整绘图区的背景、线条、颜色、网格线的距离与宽度。当进行精确绘制的时候，可以对绘图区进行整体放大。要看整体效果时，也可以对绘图区进行整体缩小。视角的放大与缩小，只影响观察角度，并不影响物件的实际尺寸。

图 3-4　绘图区

2. 工作界面：软件工具介绍

（1）工具列　软件自带的工具列中，包含档案工具列、一般工具列、检视工具列、复制工具列、基础变形工具列和变形工具列、曲线工具列，曲面工具列。基于工具的属性和使用场景，为方便理解可将工具列分为以下三大类：用点线面生成封闭体物件的绘制工具列组，对已有物件进行复制变形的变形工具列组以及单纯修改观察角度和储存文件本身的编辑工具列组。接下来将以此分类来分别介绍各组工具列的作用，并讲解部分菜单栏中的命令。

（2）编辑工具列组

图 3-5　档案工具列

① 档案工具列。档案菜单中从左到右的功能分别是新建、打开文件、保存和辅助说明（图 3-5）。

② 输入、输出文件。输入和输出文件是指将其他格式文件应用到 JewelCAD 中。

③ 系统设定命令。系统设定命令可以改变操作界面的颜色和操作的快捷键（图 3-6、图 3-7）。

④ 资料库。在档案菜单栏中的资料库（图 3-8），也有很强大的功能。它可以直接调出相关图形，进行设计的再修改与创造，可以有效地帮助设计

者和使用者，提高工作效率。

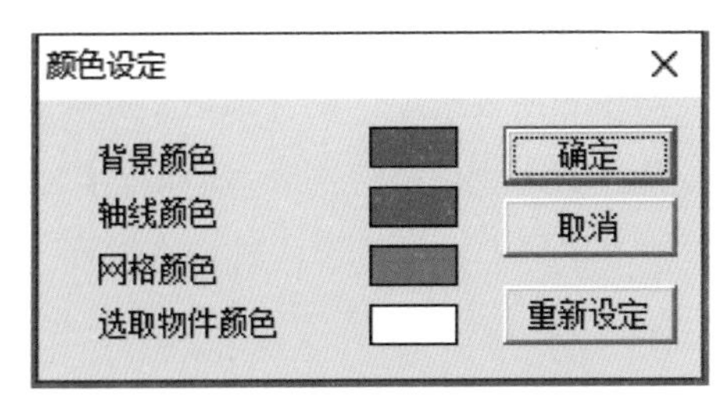

图 3-6 “颜色设定”对话框

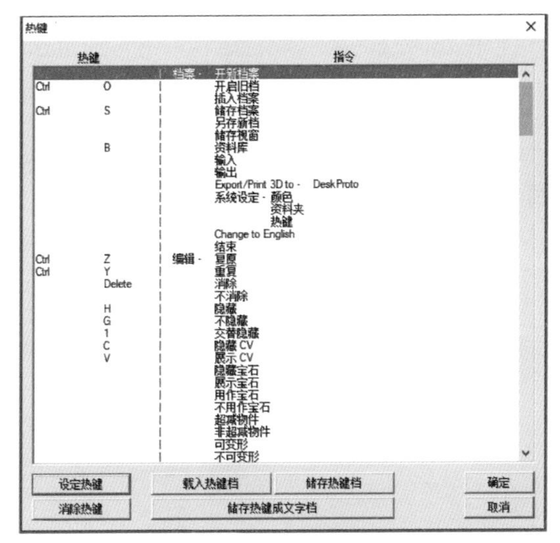

图 3-7 快捷键设定

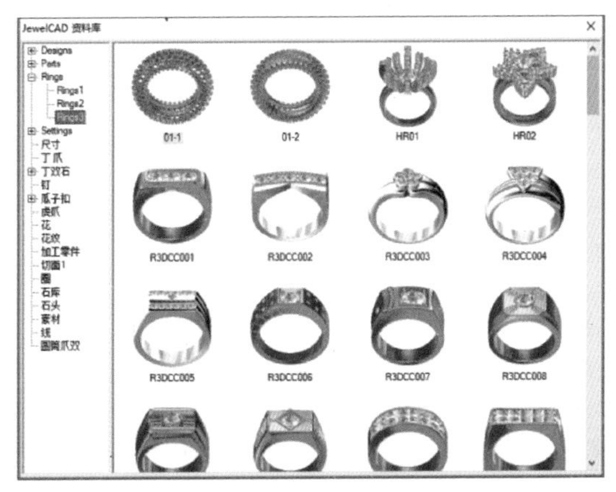

图 3-8 资料库

⑤ 一般工具列。一般工具列从左到右分别是：选取、撤销和复原（图 3-9）。

图 3-9 一般工具列

⑥ 物件的选取。在 JewelCAD 中，依次点击选取命令和所要选取的物件即可完成选取操作，也可通过其他方式对物件进行选取。比如直接对物件单击鼠标左键，快速地选取物件。或按下鼠标左键拖动，出现一个选框，框中的物件都会被选中。

在编辑模式下展示 CV 点（或快捷键 C/V）后，通过选点命令进行对点的选择，或按住 Shift 键通过鼠标进行选择。

在常规选取比较困难时或需要选取特定物件时可通过选取菜单栏中一些选项，如选取曲面、曲线、布林体、块状体、宝石多面体和辅助线等，对不同属性的物件进行选择（图 3-10）。

复原命令和重复命令，都位于编辑菜单栏内（图 3-11）。在编辑菜单栏中，还有很多其他命令，如隐藏或展示宝石、隐藏或展示物件、隐藏或展示 CV 点。还可以对物件进行属性的设置，如设置超级物件变形或可不变形或不可变形。除此之外，还可以通过编辑菜单栏，改变物件的物件层面和材料，以及渲染材质。

图 3-10 物件选取菜单

图 3-11 编辑菜单

在首饰 JewelCAD 中，有多种表现不同金属材质和宝石材质的选项，这些选项对物件的最终渲染效果，具有决定性的影响（图 3-12、图 3-13）。

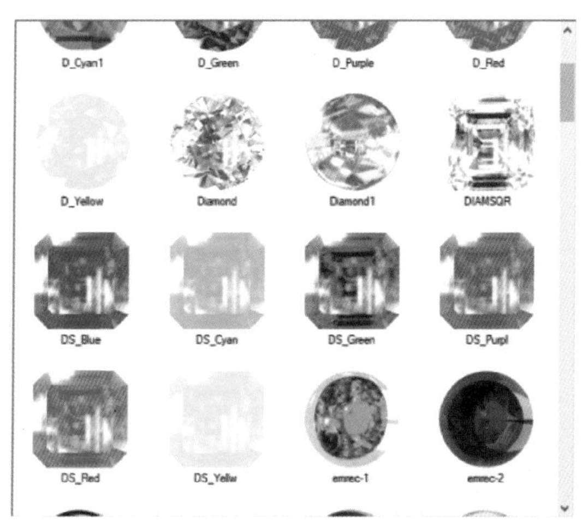

图 3-12 宝石素材

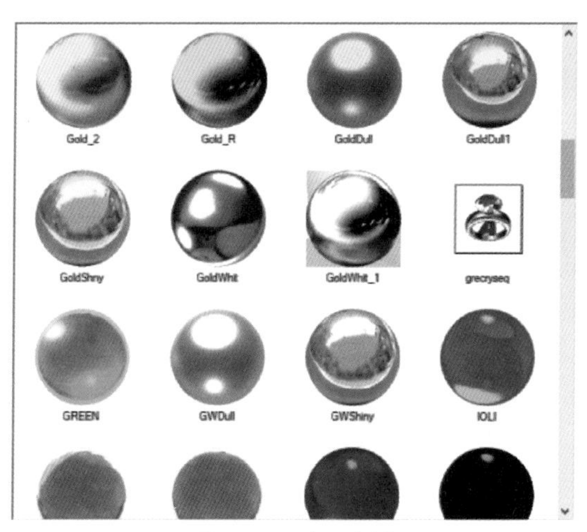

图 3-13 金属素材

（3）检视工具列　检视工具列，主要用于满足操作者对物件的观察，通过工具列来调整物件的观察模式（图 3-14）。

图 3-14 检视工具列

① 显示模式。包括简易线图、普通线图、详细线图、快彩图、彩图和光影图（图 3-15）。

图 3-15 显示模式

a. 简易线图。线条简洁，软件运行速度快，但不利于制图，多用于较复杂物件导入时防止软件卡顿（图 3-16）。

b. 普通线图。软件默认的视图，也是最常用的视图。该视图下操作便捷，观察方便（图 3-17）。

图 3-16 简易线图

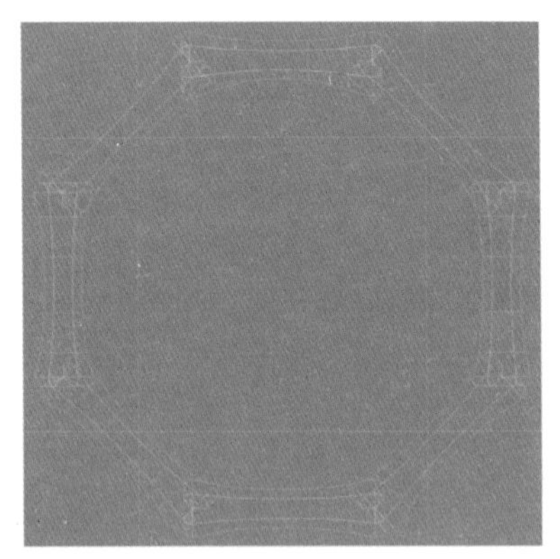

图 3-17 普通线图

c. 详细线图。显示比普通线图更为详细具体，但仍是未经渲染的线图模式。当模型较大或复杂时，容易造成软件卡顿（图 3-18）。

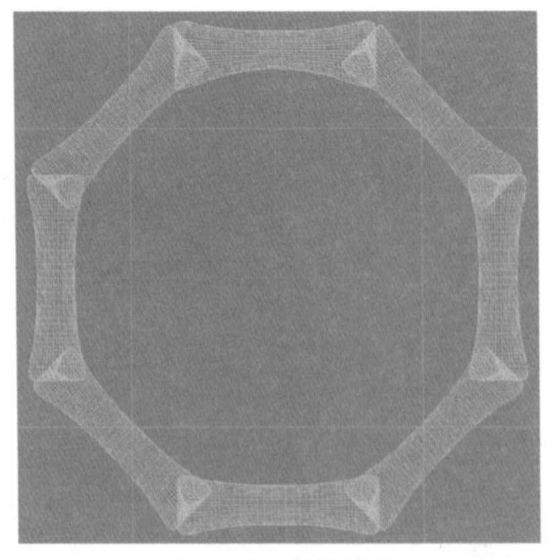

图 3-18 详细线图

d. 快彩图。快彩图、彩图和光影图则是三种渲染视图。其中快彩图是最快速、最简单的立体渲染（图 3-19）。

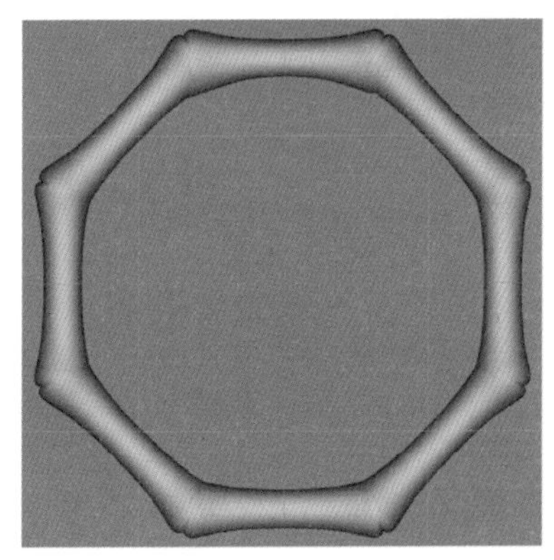

图 3-19 快彩图

e. 彩图。比快彩图显示的信息更多，包含金属、宝石等颜色、材质等信息（图 3-20）。

f. 光影图。软件能达到的最佳渲染效果，能在最大程度上模拟出模型的真实材质。文件较大时，容易造成软件卡顿（图 3-21）。

② 视角。观察物件的角度，通常分为七个视角，分别是：正视图、右视图、顶视图、后视图、左视图、仰视图和立体图（图 3-22）。

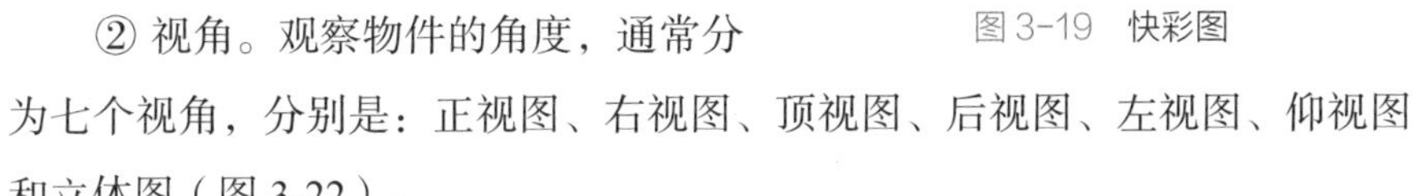

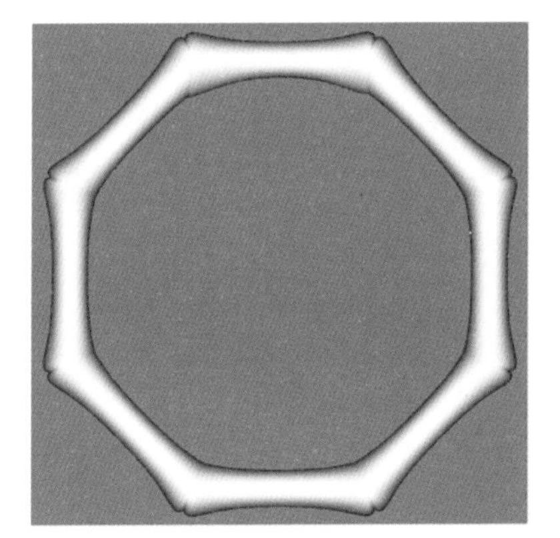

图 3-20 彩图

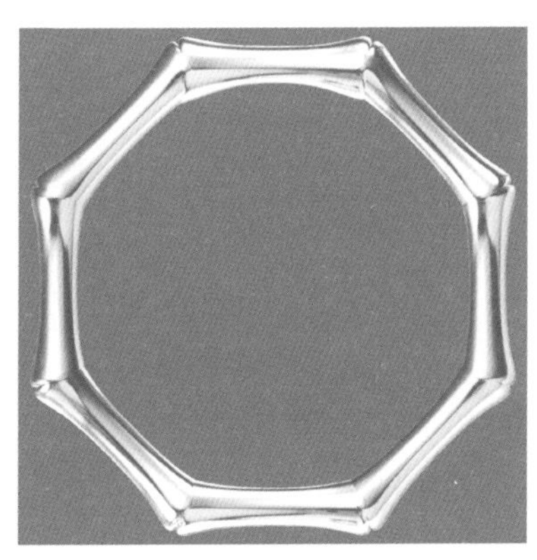

图 3-21 光影图

图 3-22 视角

其中位于工具列从左到右的前三位分别是：正视图、右视图和顶视图，位于最后的是立体图（图 3-23 ～图 3-26）。这四个视图，是最常用的视图。

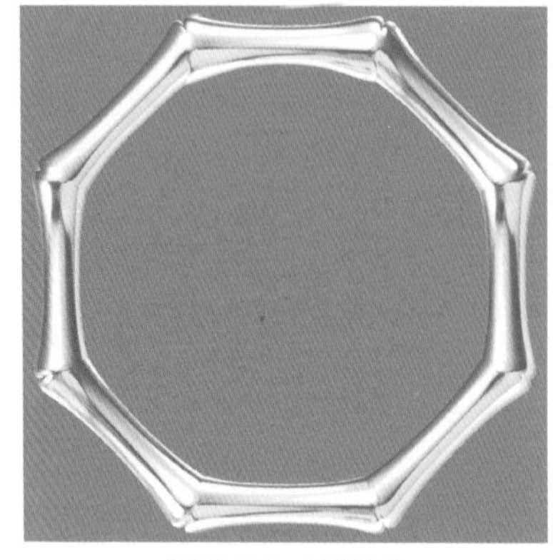

图 3-23　正视图

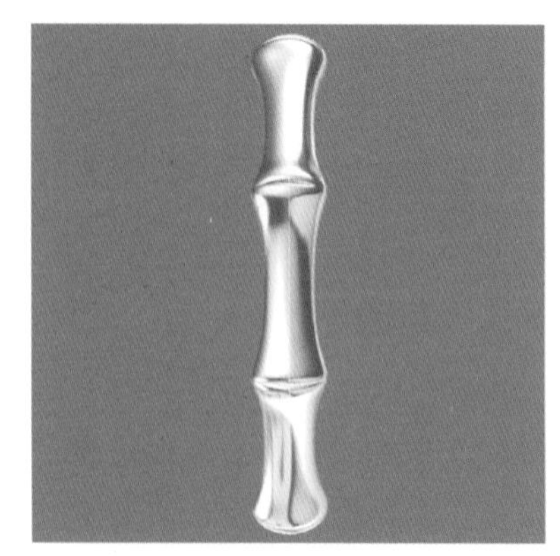

图 3-24　右视图

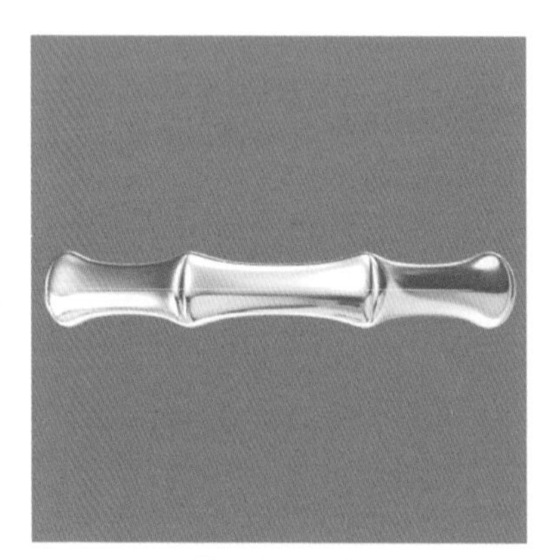

图 3-25　顶视图

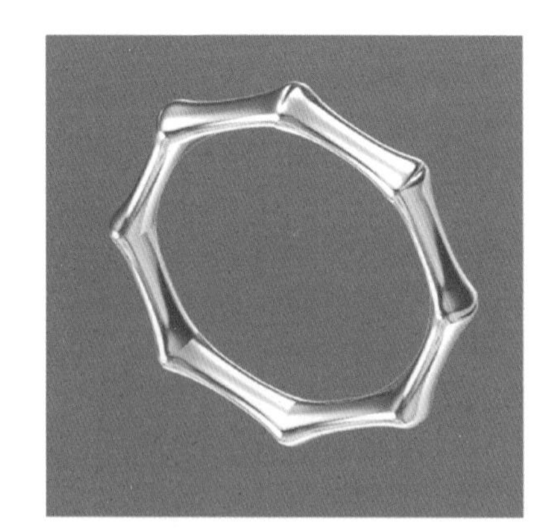

图 3-26　立体图

③ 多视角。从工具列的左侧到右侧分别是正右视图，正顶视图，正右顶立体图，后左仰立体图（图 3-27～图 3-30）。

图 3-27　多视角

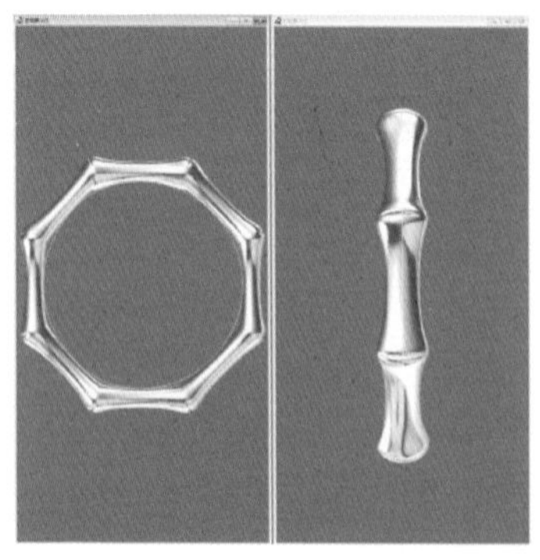

图 3-28　正右视图

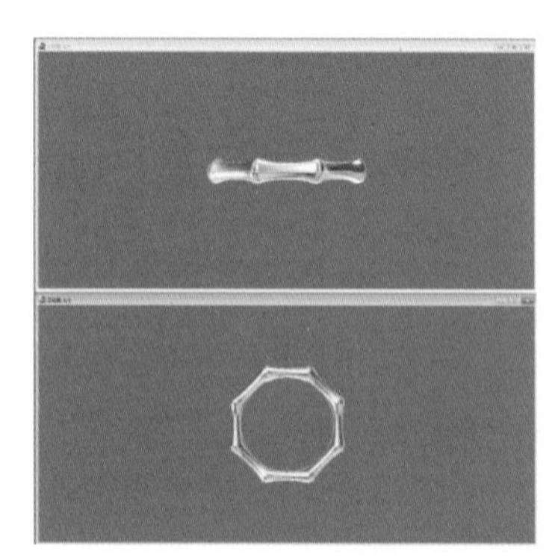

图 3-29　正顶视图

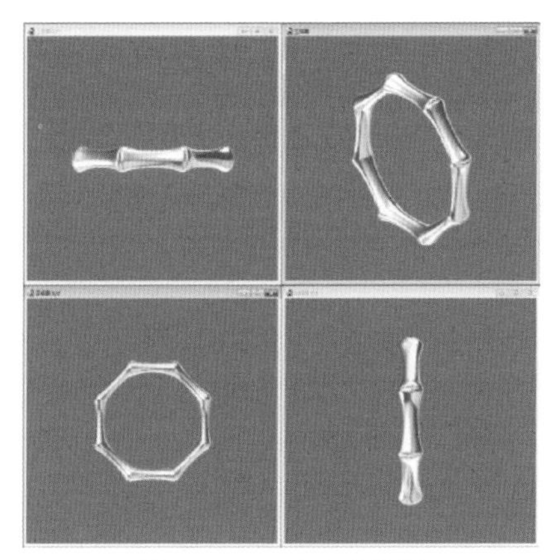

图 3-30 正右顶立体图

④ 视角移动。确定视角也可以通过视角移动命令，对视图的位置进行改变。视角移动命令包含：上移、下移、左移、右移（图 3-31）。

这些视角的移动，只是移动了观察角度，并没有移动物件在三维空间中的位置。

⑤ 视角缩放。对视窗的观察角度进行放大和缩小，包含：放大、缩小、格放、全图和 1 ： 1。放大和缩小两个常用命令，可以用鼠标滚轮进行代替（图 3-32）。

图 3-31 视角移动

图 3-32 视角缩放

（4）变形工具列组

复制工具列：从左到右依次是剪切命令、左右对称复制、上下对称复制、180°对称复制、上下左右对称复制、直线复制和环形复制（图 3-33）。

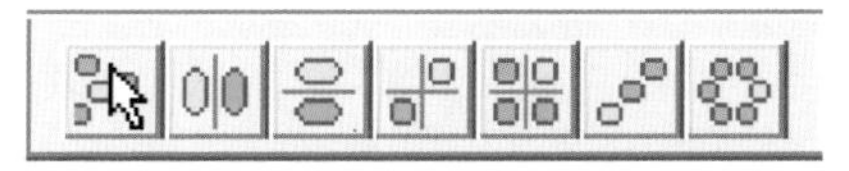

图 3-33 复制工具列

① 剪切命令指将剪切的物件，贴在另一个物件上。

② 左右对称复制命令。该命令让被选中的物件，以纵轴为对称轴进行

对称复制（图 3-34）。

图 3-34　左右对称复制

③ 上下对称复制、180°对称复制和上下左右对称复制都是以相应的轴心或圆心为基准点，对物件进行镜像复制（图 3-35 ～图 3-37）。

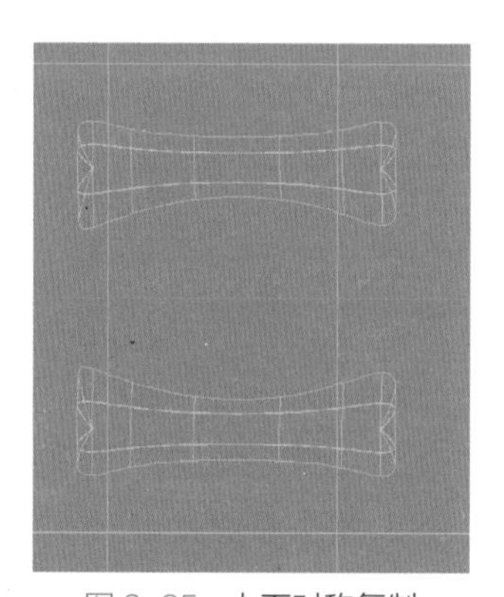

图 3-35　上下对称复制

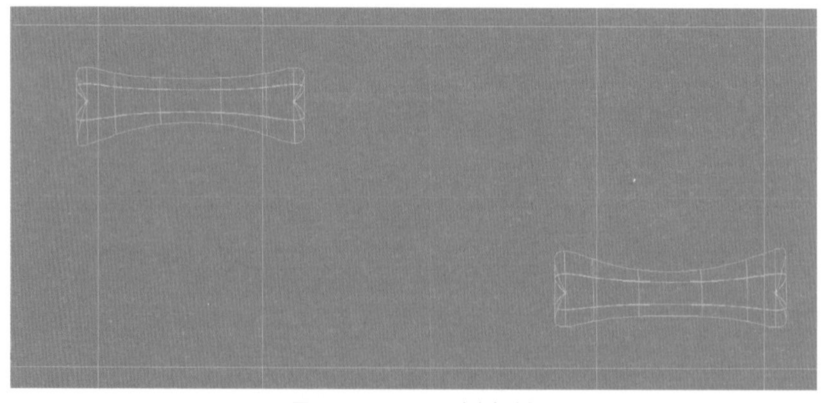

图 3-36　180°对称复制

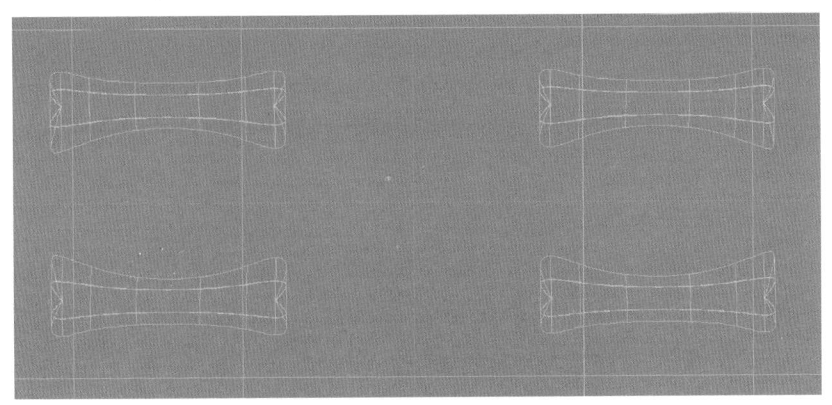

图 3-37 上下左右对称复制

④ 直线复制。将被选中的物体，沿指定的方向进行复制（图 3-38）。

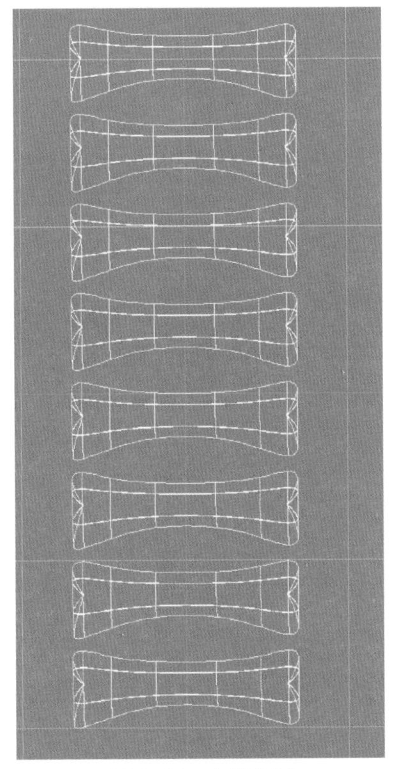

图 3-38 直线复制

⑤ 环形复制。以原点为中心，对被选中的物体沿着原点进行环形复

制（图 3-39）。

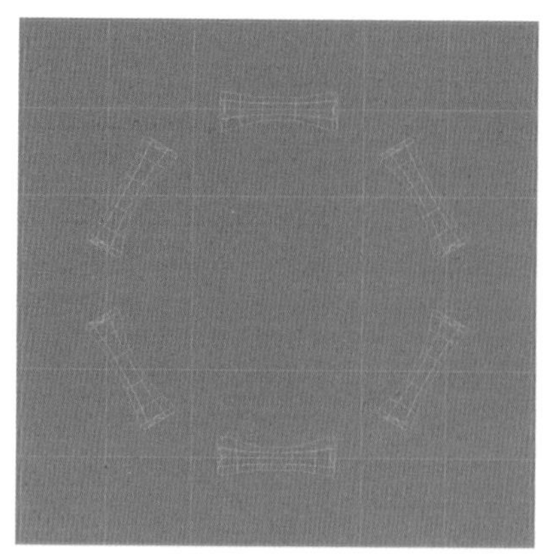

图 3-39 环形复制

（5）基础变形工具列 基础变形工具列中的命令，对物件本身进行实际尺寸的修改（图 3-40）。包含：移动、尺寸、反转、旋转等。注意在基础变形工具列中的很多命令，有鼠标左键、右键的指令区别。

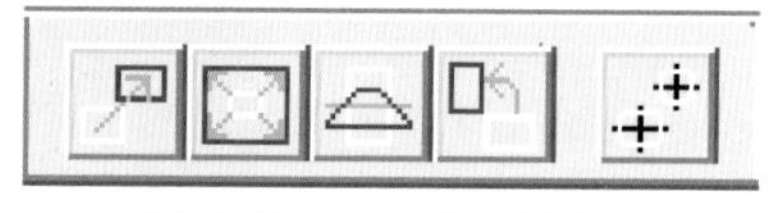

图 3-40 基础变形工具列

移动命令：鼠标左键可将物体沿着轴线进行移动，鼠标右键可任意移动。

尺寸命令：鼠标左键可对物体实行三轴缩放，鼠标右键实行单轴缩放。

反转命令：鼠标左键进行上下反转拖拽，鼠标右键以任意方式进行反转拖拽。

旋转命令：将物体进行拖拽时，通过操作对物体进行顺时针或逆时针方向的转动。

（6）变形工具列 变形工具列可以概括为三个功能，分别是弯曲、梯形化和扭曲（图 3-41）。在实际操作过程中，在特定的情况下，会用到相应的工具。

图 3-41 变形工具列

① 映射。映射命令可以将选中的物体映射到相应的曲线或曲面上（图 3-42）。如果物件是没有经过特殊设计的，会在映射过程中发生变形，如果不想物体发生变形，可以在编辑菜单栏中设置物件的属性为不可变形，被映射的物件会在映射线上平均分布。映射时被映射物件与原点间的关系，也会影响新生成物件与映射线的关系。

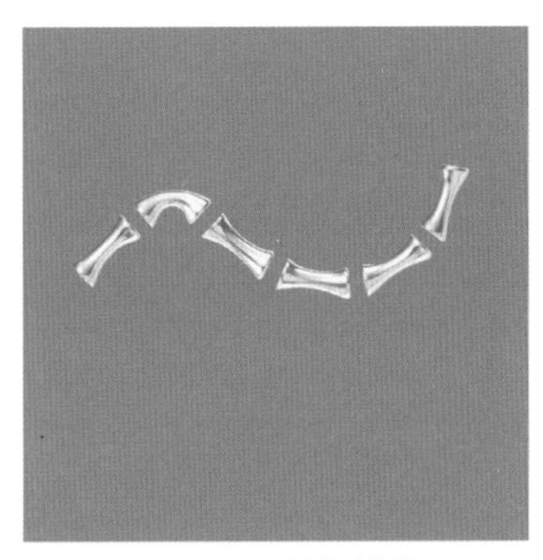
图 3-42 映射到曲线

② 投影。与映射相似，可以将选中的物件投射到设定好的曲面或曲线上（图 3-43、图 3-44）。不同的是在投影的过程中，物件一定要有空间方向上相互重叠的部分。在投影过程中，可以选择投影方向、投影性质。投影方向有：向上、向下、向左、向右。

图 3-43 选中物件

图 3-44 投影到曲面

（7）绘制工具列组

① 曲线工具列。曲线是绘制所有模型的基础，常规曲线基本展示在曲线工具列中，从左到右分别是任意曲线、左右对称曲线、上下对称曲线、180°对称曲线、上下左右对称曲线、直线重复线、环形重复线、圆形曲线。最后两个工具是曲线编辑工具，分别是曲线闭口和曲线开口（图 3-45、图 3-46）。

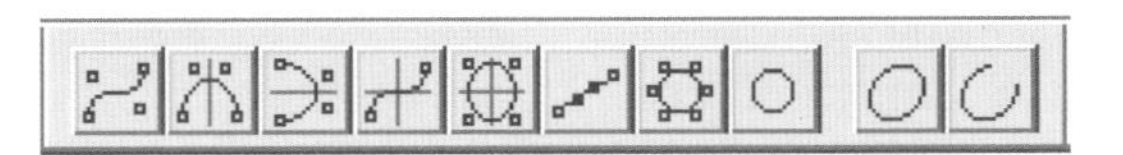
图 3-45 曲线工具列

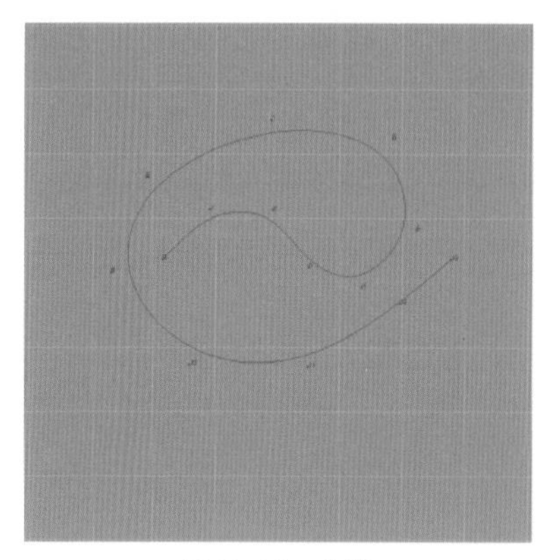

图 3-46　曲线

② 对称性曲线。与对称复制时的对称性相同，都是依据相对应的轴线或者是在相对应的象限内完成曲线的生成。其中左右对称曲线和上下左右对称曲线相对较常用一些，经常用于绘制切面和结构线（图 3-47 ～图 3-50）。

③ 环形重复线。用于绘制三角形、六边形或其他多边形。通过环形复制线，能快速完成多边形的绘制（图 3-51、图 3-52）。

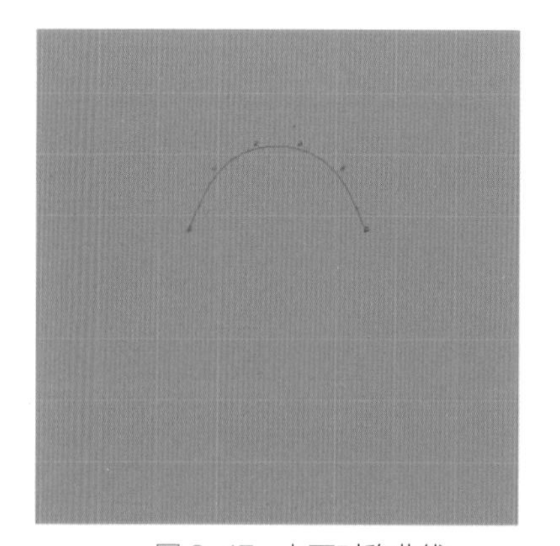

图 3-47　上下对称曲线

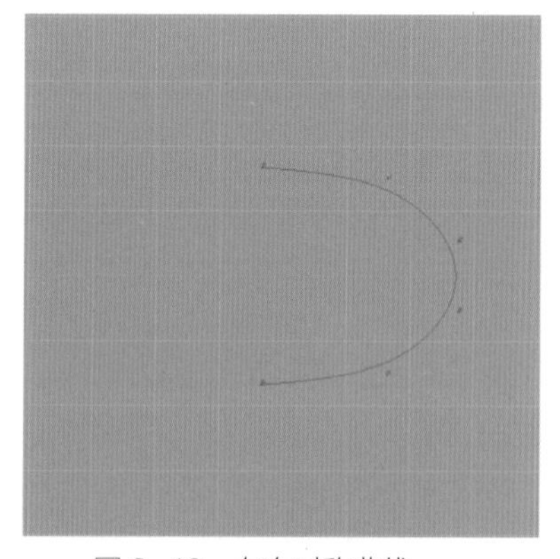

图 3-48　左右对称曲线

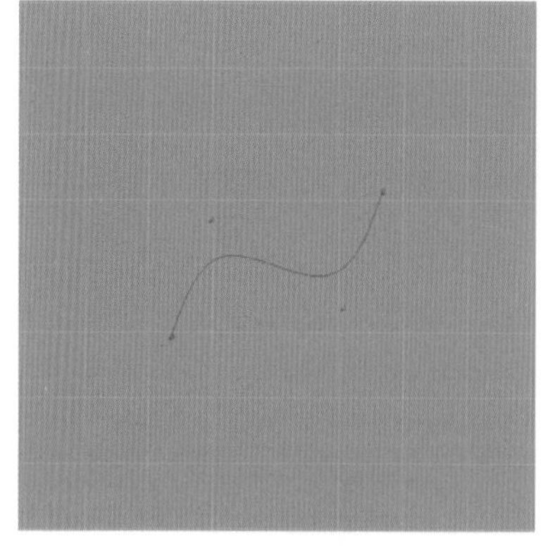

图 3-49　绘制切面

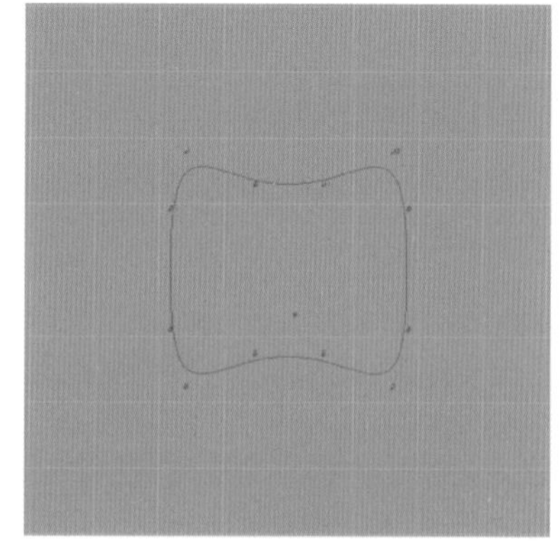

图 3-50　结构线对称

环形
数目 3
角度 120
全方位
顺时针
确定
取消

图 3-51 环形参数对话框

④ 圆形曲线。应用最多的曲线工具。绘制不同点数的圆，用于测量或通过调点变形，来完成多种封闭造型的绘制（图 3-53）。

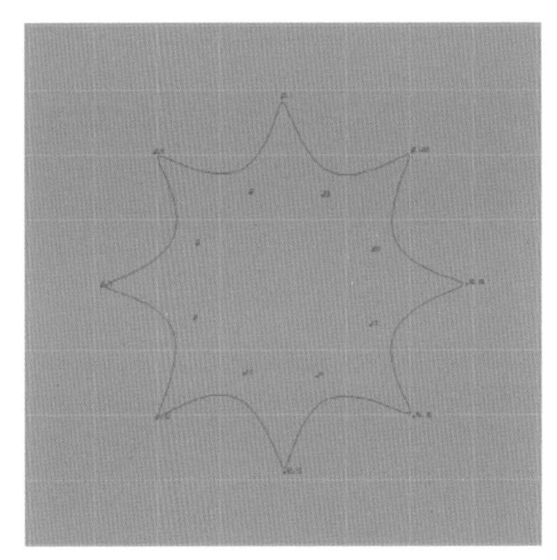
图 3-52 环形重复线

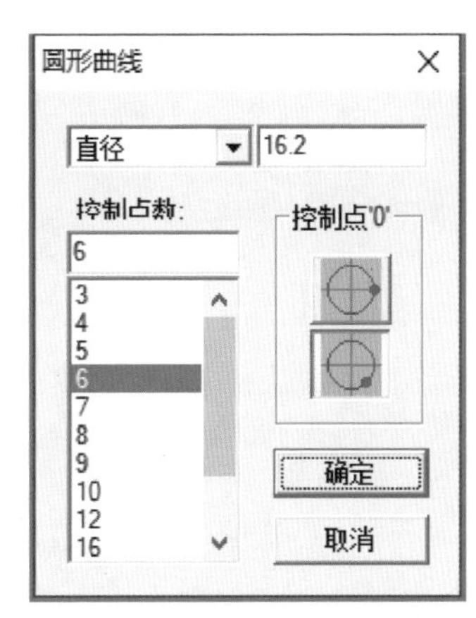

图 3-53 圆形曲线参数对话框

⑤ 闭口曲线和开口曲线。用于对已经完成的曲线进行编辑。命令会对曲线的初始点和结束点的连续性产生影响。

（8）曲面工具列 曲面工具列是已有曲线从点线变成体的命令。常用的曲线工具列，分别是：直线延伸曲面、纵轴环形曲面、横轴环形曲面、线面连接曲面、圆管曲面和导轨曲面（图 3-54）。

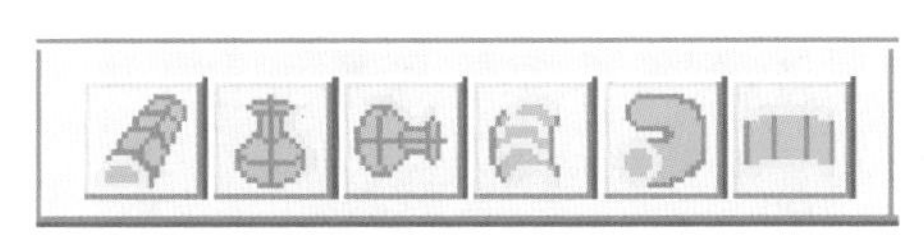
图 3-54 曲面工具列

① 直线延伸曲面。将曲线沿着垂直方向拉成体（图 3-55）。

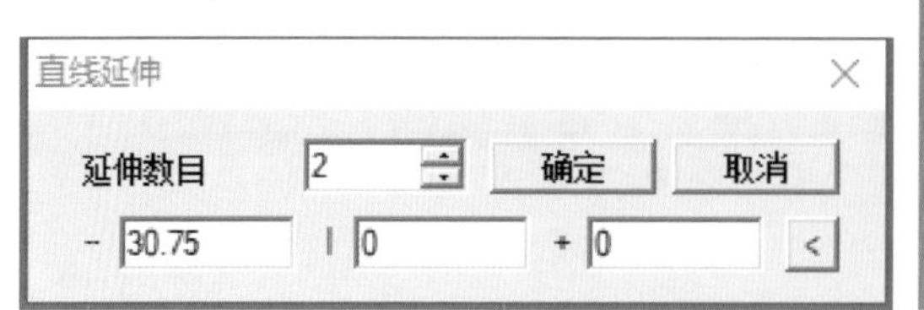

图 3-55　直线延伸对话框

② 纵轴环形曲面。曲线沿着对应的轴，完成环体的生成（图 3-56）。

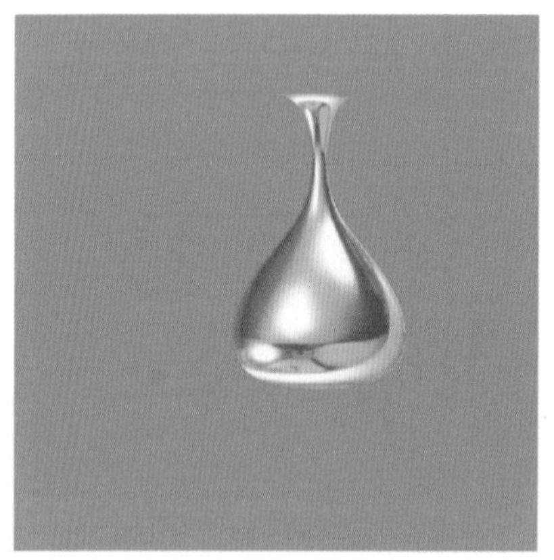
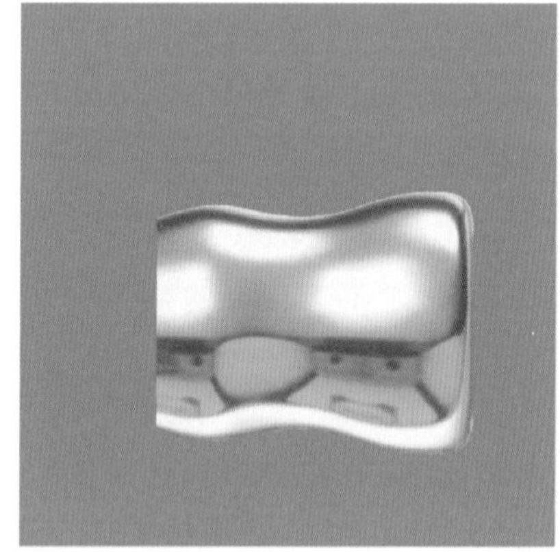

图 3-56　纵轴环形曲面

③ 圆管曲面。直接围绕曲线生成圆管或其他切面的管型（图 3-57）。

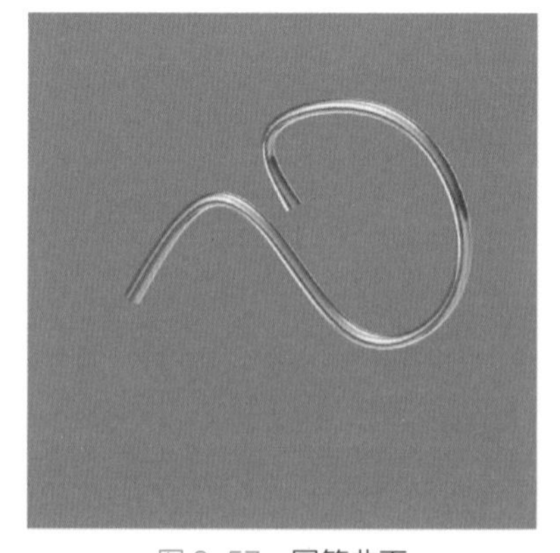

图 3-57　圆管曲面

④ 导轨曲面。曲面命令中最重要的一个命令。可以对导轨命令进行三种调整：一是对导轨的切面量度进行调整，二是对导轨的数量进行调整，三是对切面数量进行调整。导轨对话框中有一个属性和两个物件：导轨、切面、导轨与切面之间的关系（图 3-58）。

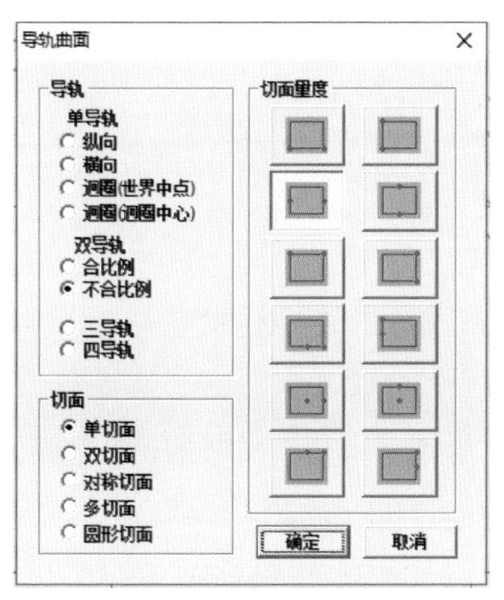

图 3-58　导轨曲面对话框

（9）布林工具列　布林工具列作用于物体与物体之间。用于物体的相加、相减和相交，与数学中的概念是相同的。注意是在进行布林命令相减命令时，要先选被减物，再选减物（图 3-59、图 3-60）。

图 3-59　布林工具列

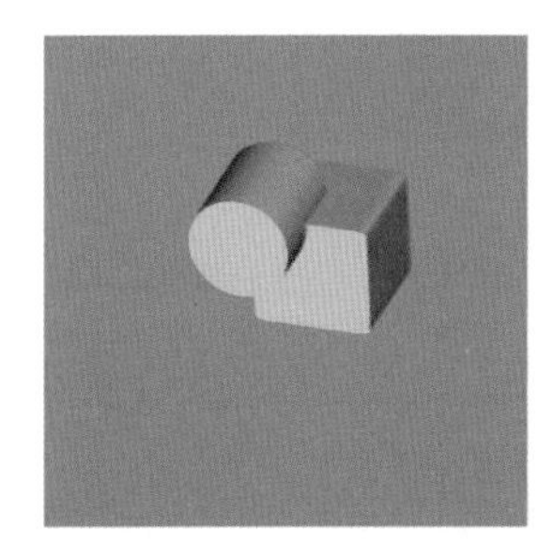
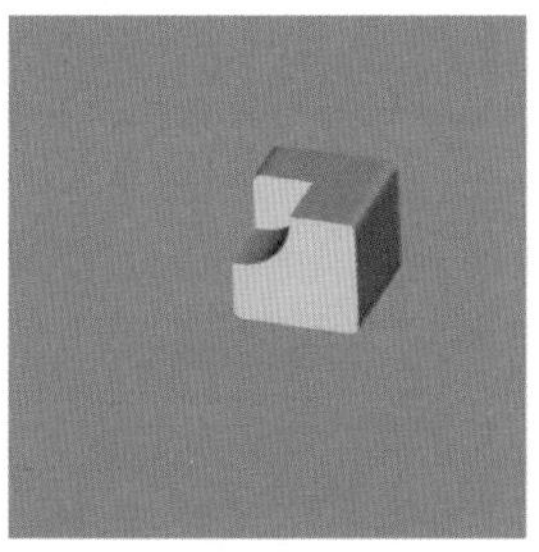

图 3-60　布林体

学习任务八

素金产品起版

一、起版分析

在学习任务四中，完成了古法金吊坠的设计效果图绘制，本次任务就根据这个设计效果图，完成起版图的绘制。

通过设计图可知，这件产品可分为吊坠和吊坠扣两个部分。其中吊坠部分包括三个角度变化的外圈、平面底纹和竹叶造型（图 3-61）。

图 3-61　古法金吊坠案例

二、任务单

（1）先与设计师确定绘制的吊坠尺寸为 38mm。打开软件将设计图转换为 BMP 格式导入，使用圆形曲线功能，绘制一个直径为 38mm 的圆形（图 3-62）。

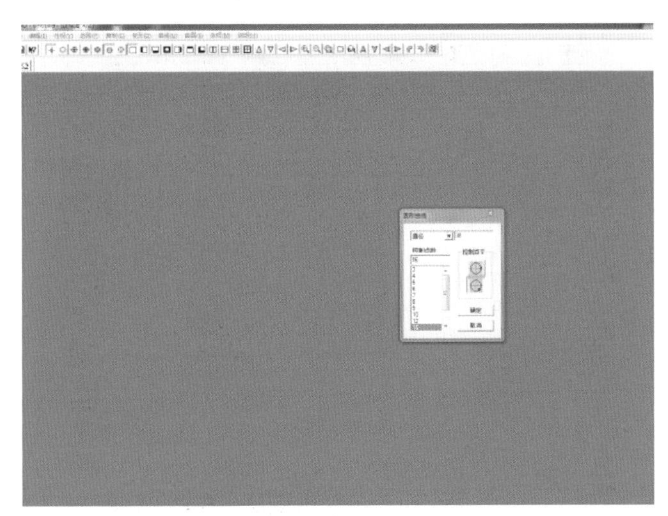

图 3-62 绘制 38mm 圆形

（2）在“检视”菜单中选择“背景”—“浏览”，导入通过 CorelDRAW 完成的吊坠设计图（图 3-63）。

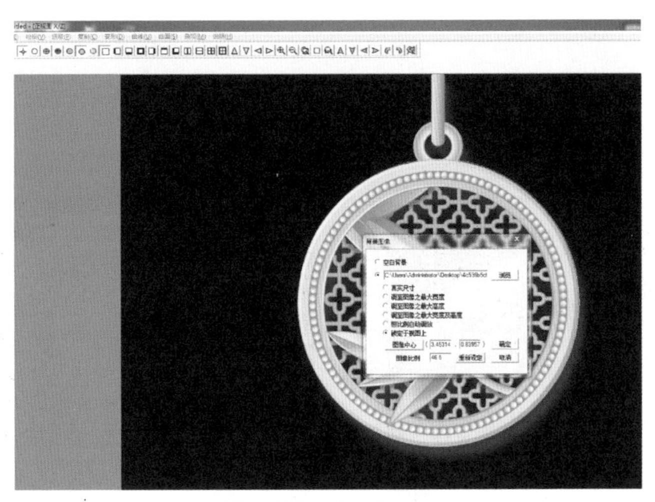

图 3-63 导入案例图

（3）设计图作为 JewelCAD 起版的参考图，为避免设计图在起版过程中移动或变形，在“导入”对话框时，选择将设计图“锁定于视图上”。

通过调整图像中心和图像比例的参数，将设计图调整至 38mm，并使其轮廓线与画好的圆形重合（图 3-64）。

图 3-64 锁定案例图片

（4）沿设计图轮廓先画一个38mm的圆形，然后设置圆形路径偏移半径3.7mm，画好内圆（图3-65）。

（5）吊坠的外轮廓是一个中间有凹槽焊接金珠粒的结构，所以剖面应该是中间凹下去的，根据结构，画出外圈轮廓为中间凹下去的切面（图3-66）。

图 3-65 偏移路径

图 3-66 绘制外圆切面

（6）打开导轨曲面对话框，选择双导轨、不合比例、单切面，分别选择外轮廓线、内轮廓线和切面完成导轨（图3-67）。

（7）这时就可以得到底纹外框的实体（图 3-68）。

图 3-67 绘制外圈导轨

图 3-68 得到外框实体

（8）由于导轨偏移路径 3.7mm，可以算出珠粒的凹槽宽度是 1.85mm，珠粒的直径要略小于凹槽。绘制一个直径为 1.7mm 的圆球体作为珠粒（图 3-69）。

（9）将圆球放置于凹槽位置，根据圆形周长公式计算，以 1.7mm 为单位，算出点环形复制工具设置珠粒数目为 65 个，选择环形菜单，对话框设置数目为“65”（图 3-70）。

图 3-69 绘制珠粒球体

图 3-70 设置球体大小和数量

（10）点击“确认”后，得到圆环状排列的珠粒，检查无重叠或露缝隙即可。如果第一粒和最后一粒之间，有缝隙或者有重叠的情况，需要调整珠粒数量或直径后，重新排列（图 3-71）。

（11）对叶子进行描线，分两条线描，以便后续使用双导轨线条（图3-72）。

图3-71 排列珠粒

图3-72 竹叶描线

（12）竹叶造型是立体的，中间略矮，两边略高，下面呈自然弧形。根据竹叶造型，绘制竹叶的切面（图3-73）。

（13）隐藏设计图，可以清晰地看到竹叶部分外轮廓和切面的线稿（图3-74）。

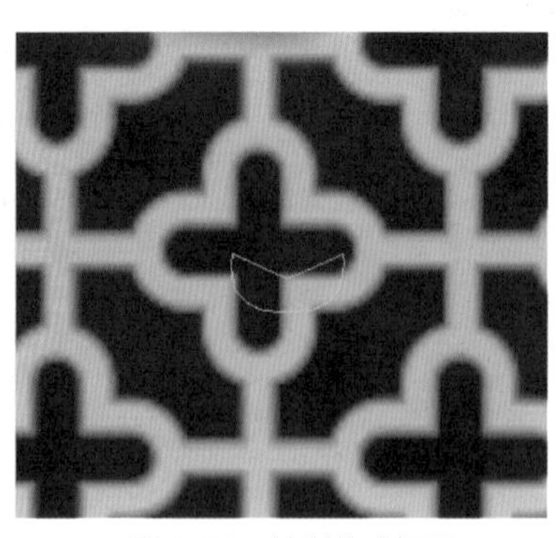

图3-73 绘制竹叶切面

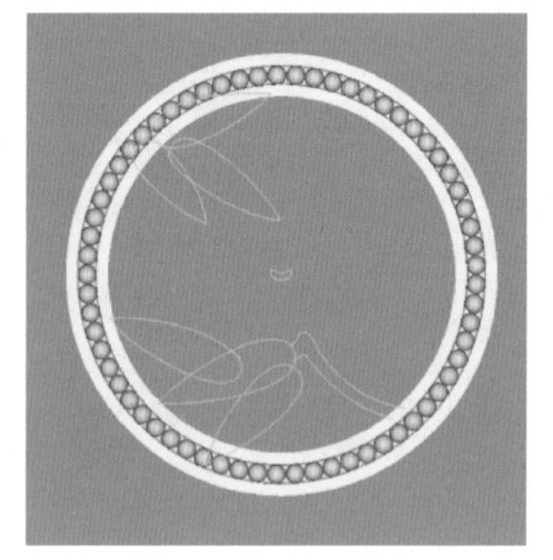

图3-74 竹叶线稿

（14）打开导轨对话框，选择双导轨、合比例、单切面，保证竹叶切面大小，随着外轮廓的大小变化（图3-75）。

（15）得到叶子的实体后，根据叶子的生长结构调点，以保证线条流畅和叶子生长结构自然（图 3-76）。

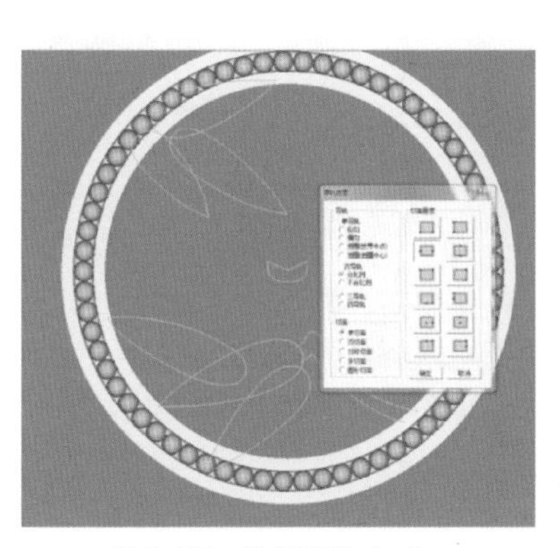
图 3-75 选择导轨方式

图 3-76 竹叶实体

（16）同样的方法绘制叶子的枝，在导轨对话框，选择不合比例、单切面，保证树枝粗细不变（图 3-77）。

（17）隐藏设计图，拉点的位置调整好枝干的走势轮廓（图 3-78）。

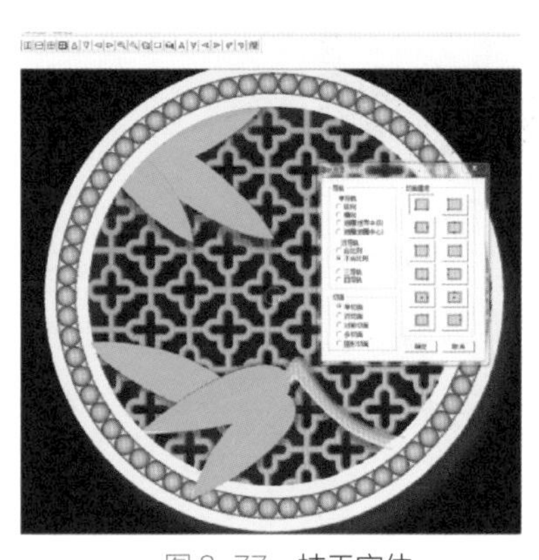
图 3-77 枝干实体

图 3-78 整体调整

（18）绘制底纹的线条。底纹的单元形比较简单，是一个十字网格和十字花的组合，分别用直线延伸，做出花的轮廓和十字网格，并将接头部位插入组合（图 3-79）。

（19）将两个底纹部分排列好之后，调整接头位，得到完整的底纹（图 3-80）。

图 3-79　绘制底纹单元形线条

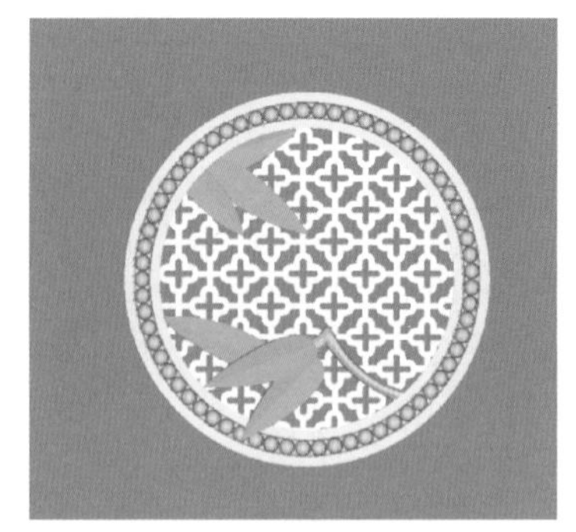

图 3-80　排列底纹制作切面

（20）同法绘制吊坠扣（图 3-81）。

图 3-81　制作吊坠扣

（21）旋转检查后得到完整的吊坠起版图（图 3-82）。

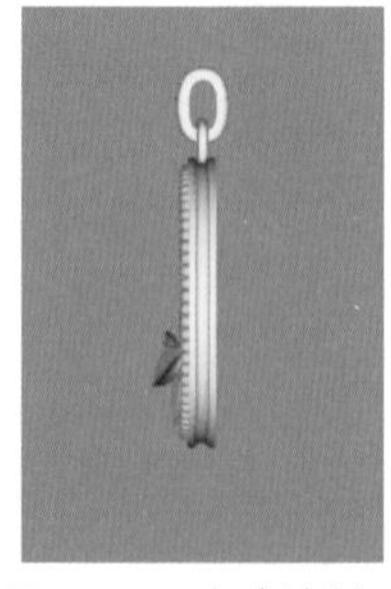

图 3-82　完成绘制

小贴士

在导轨对话框，有些切面也可以选择单切面、单导轨、合比例等不同选项，导出的效果会有区别。选择的导出方式不同，导出后需要修改的位置也有所不同，在保证线条流畅性的前提下，可做不同选择。

学习任务九

镶嵌产品起版

一、起版分析

在学习任务四的课后作业中，完成了镶嵌款的设计图绘制，对这件产品结构也有了较深入的理解，本次任务是根据设计图，为这件作品完成起版图。

这件产品以镶嵌为主，主石以祖母绿爪镶为主，配石以钻石为主（图 3-83）。这件产品虽然看似复杂，但分析后不难看出，它的造型左右对称且工艺相近。镶嵌的部分分为主石吊饰部分、主石左右两侧部分、珠链中间部分、扣头四个部分，只要耐心依次起版即可。

二、任务单

（1）将设计图转换 BMP 格式导入（图 3-84）。

（2）确定主石尺寸，根据主石大小将导入图片调整至 1 ： 1 大小，然后对产品起版部分进行描线（图 3-85）。

图 3-83　镶嵌项链案例

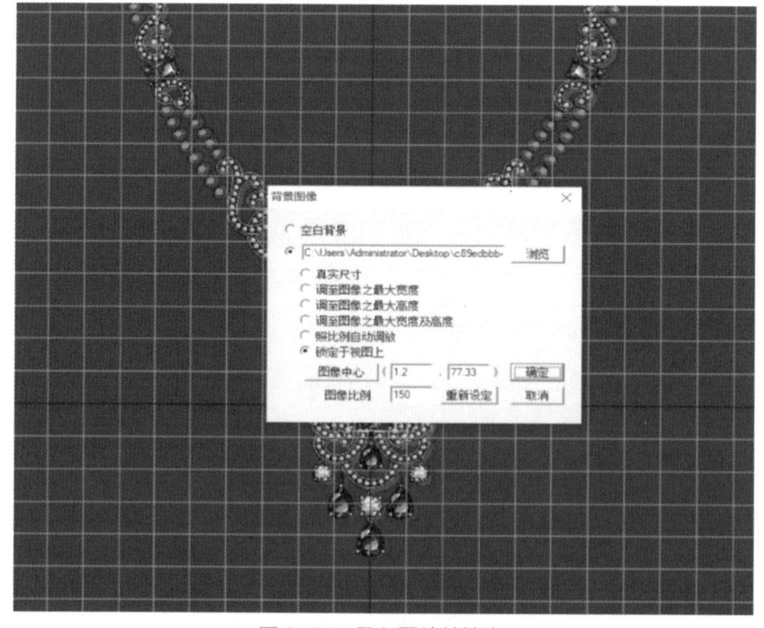

图 3-84　导入图片并锁定

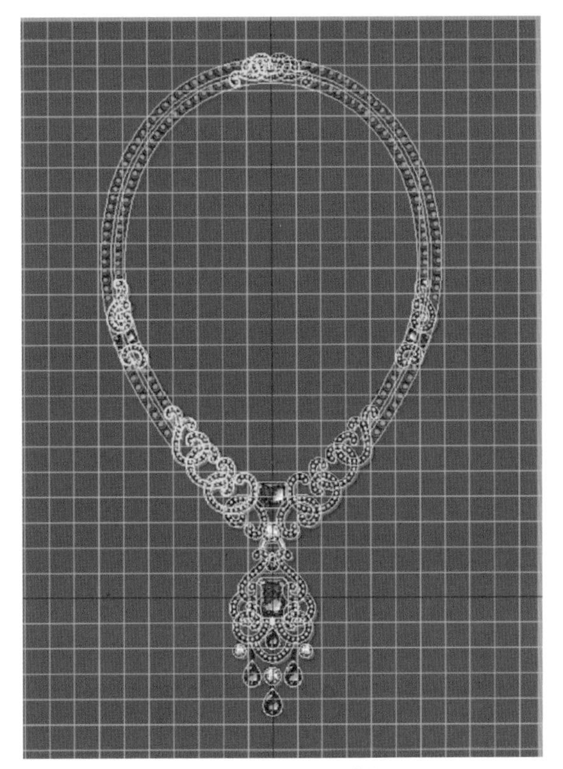

图 3-85　对产品描线

（3）做主石镶口

① 先将宝石外轮廓线向内偏移，组成双导轨的导线（图 3-86）。

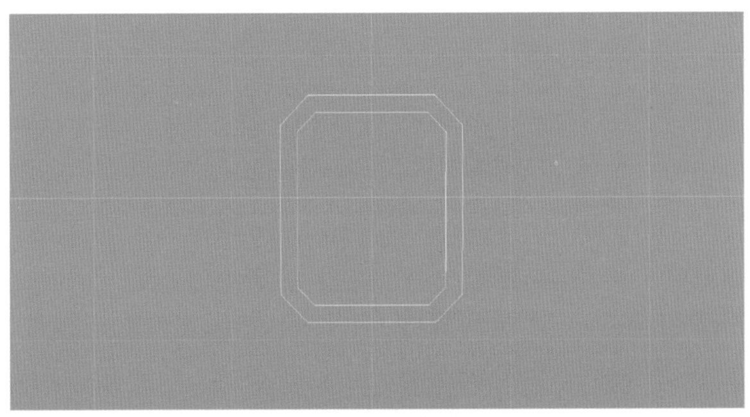

图 3-86　镶口双导轨导线

②用上下左右对称曲线命令和任意曲线完成镶口切面的绘制（图 3-87）。

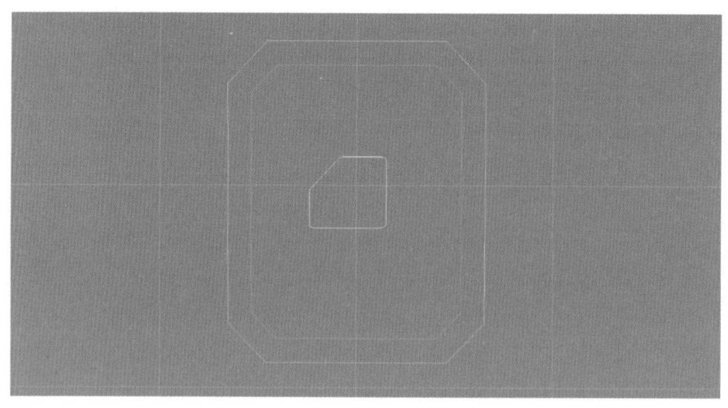

图 3-87 镶口切面

③ 双导轨命令，设置左右下切面量度、单切面、不合比例，完成镶口绘制（图 3-88）。

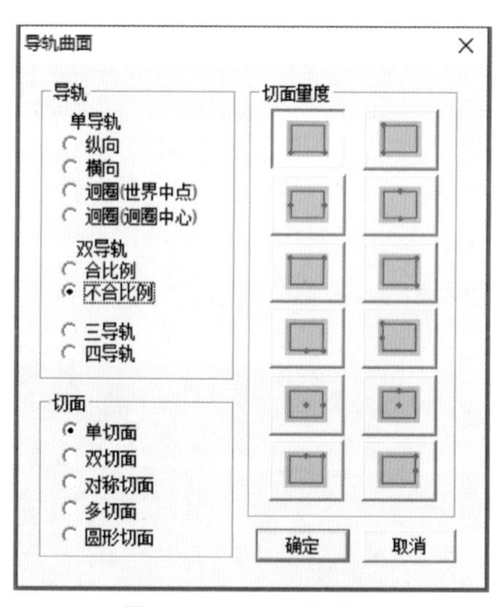

图 3-88 设置导轨曲面

④ 切换右视图，选择任意曲线绘制爪的侧切面，并纵向沿轴旋转完成爪的绘制（图 3-89、图 3-90）。

⑤ 切换上视图，将爪移动到镶口边缘，并移动 CV 点，使爪与镶口贴合，并上下左右对称复制（图 3-91）。

图 3-89　绘制爪的线图

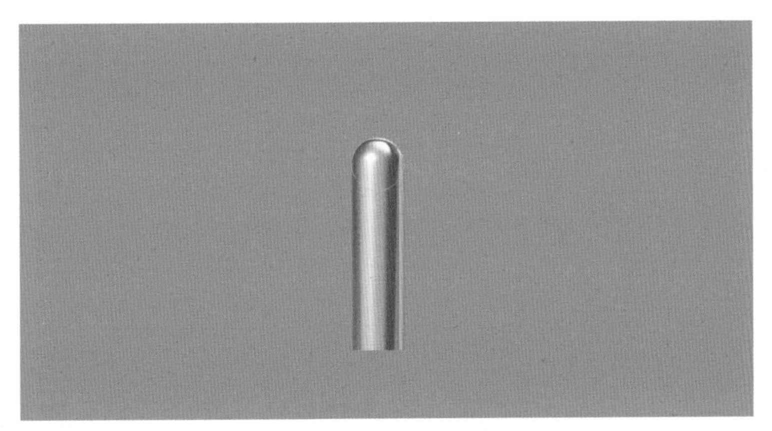

图 3-90　得到爪的实体

⑥ 同法完成宝石吊坠部分的其他爪镶镶口的绘制（图 3-92、图 3-93）。

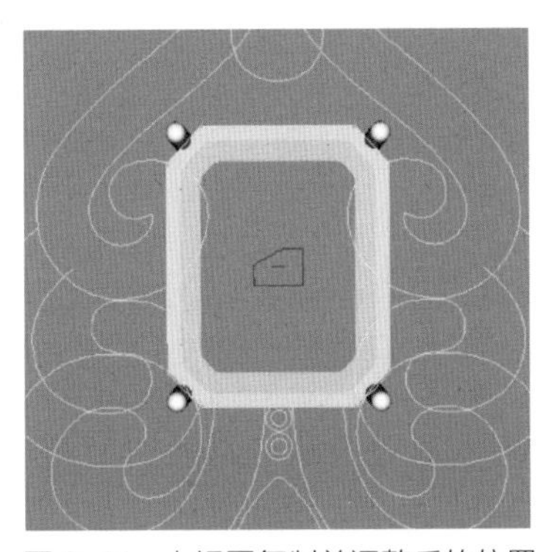

图 3-91　上视图复制并调整爪的位置

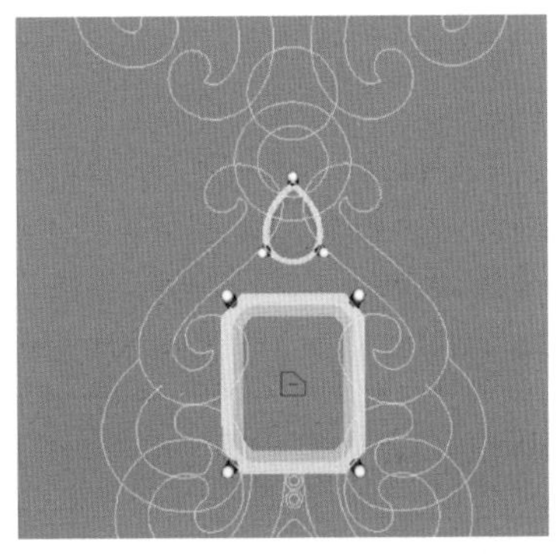

图 3-92　同法制作水滴形钻石镶口

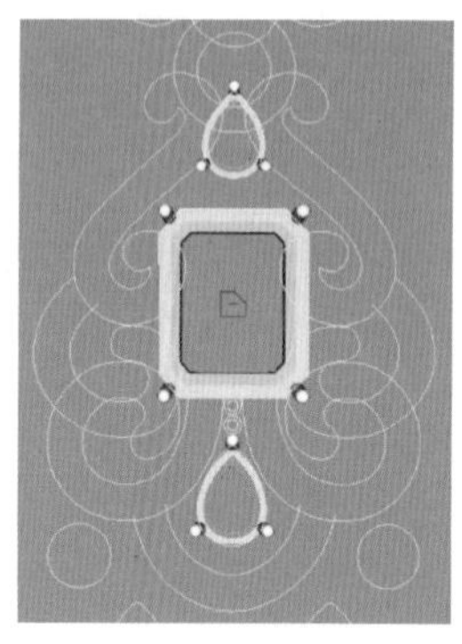

图 3-93　继续制作镶口

（4）主石吊饰部分边缘金属带的绘制

① 将两条描好的金属带边缘线作为导轨 1，并向内偏移 0.4mm 作为导轨 2（图 3-94）。

② 用上下左右对称曲线命令和左右对称曲线，完成金属带切面的绘制（图 3-95）。

③ 双导轨命令。设置左右下切面量度、单切面、不合比例，选取导轨 1，金属带切面，完成金属带基底绘制（图 3-96、图 3-97）。

图 3-94　绘制配石石槽金属带

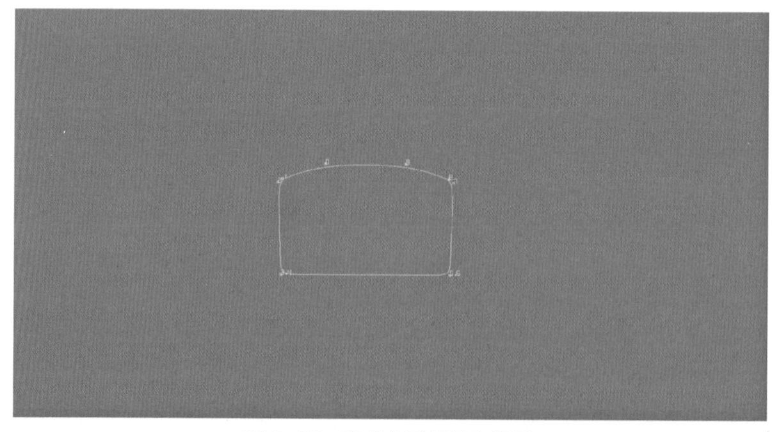

图 3-95　完成金属带基底切面

图 3-96 完成金属带基底

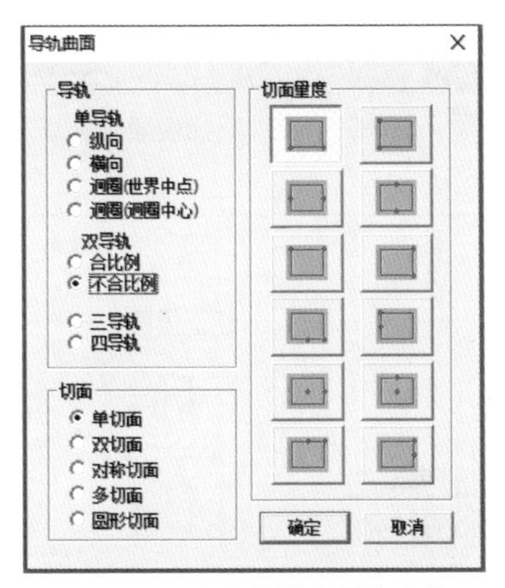

图 3-97 金属带基底导轨参数

④ 切换右视图。显示点，完成金属带基底高低位的调整（图 3-98）。

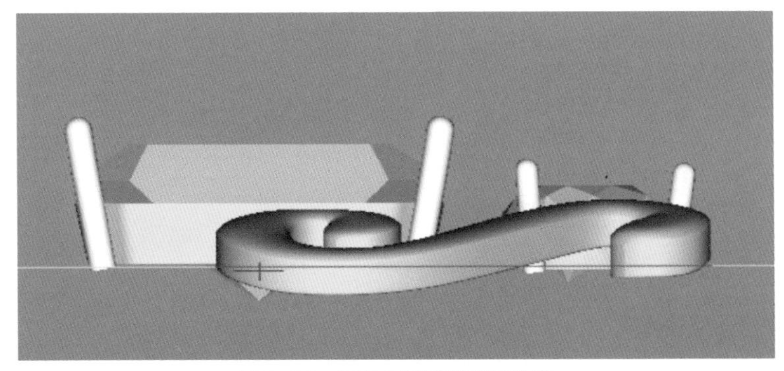

图 3-98 调整金属带基底高低位

⑤ 回到正视图。用上下左右对称曲线命令和左右对称曲线，完成切割物倒梯形切面的绘制（图 3-99、图 3-100）。

图 3-99 完成石槽切面绘制

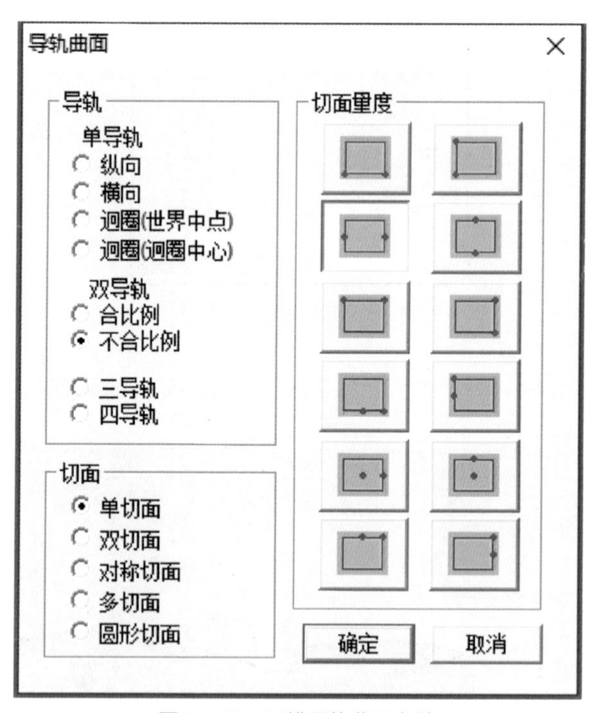

图 3-100 石槽导轨曲面参数

⑥ 将导轨 2 投影到金属带基底上（图 3-101）。

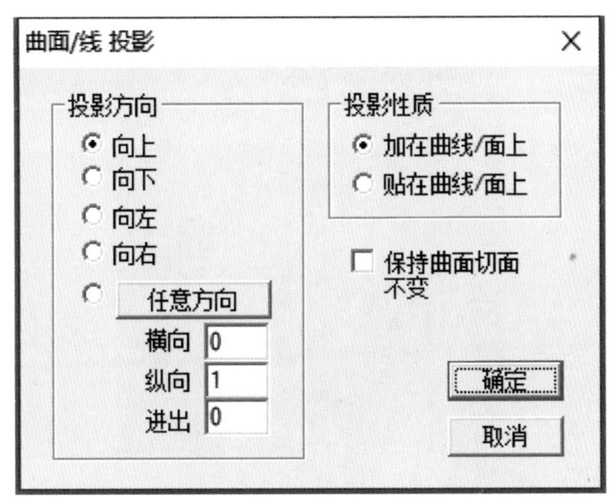

图 3-101 投影

⑦ 双导轨命令。设置左右中切面量度、单切面、不合比例，选取导轨 2，切割物切面来完成金属带减物的绘制（生成物件的下半部分要确认与物件相接）。

⑧ 利用布林体相减命令。用金属带减物减去金属带基底，完成开槽金属带的绘制（图 3-102）。

图 3-102 布林体相减完成开槽

⑨ 同法完成其他金属带的绘制（图 3-103 ～图 3-110）。

图 3-103　同法依次绘制金属带

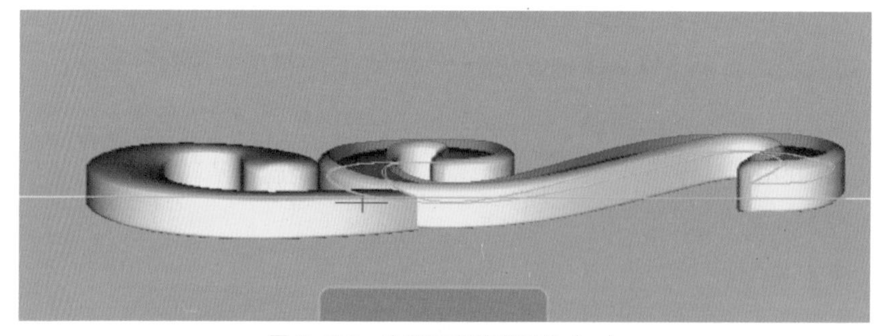

图 3-104　右视图调整高低位（一）

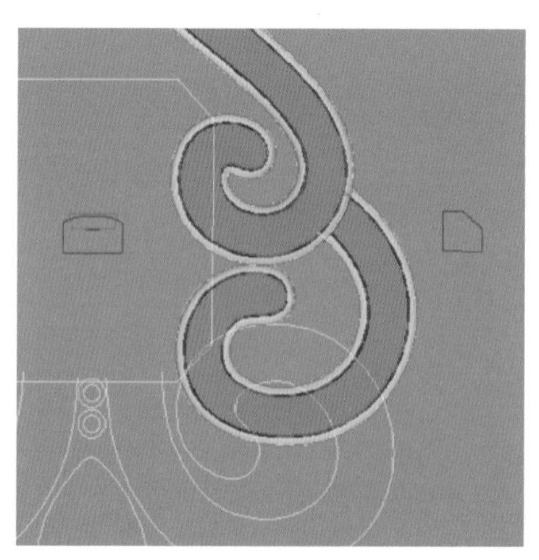

图 3-105　绘制导轨的切面

图 3-106 开石槽

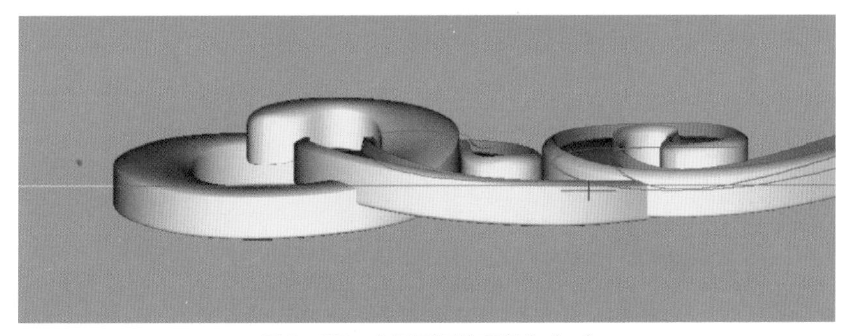

图 3-107 右视图调整高低位（二）

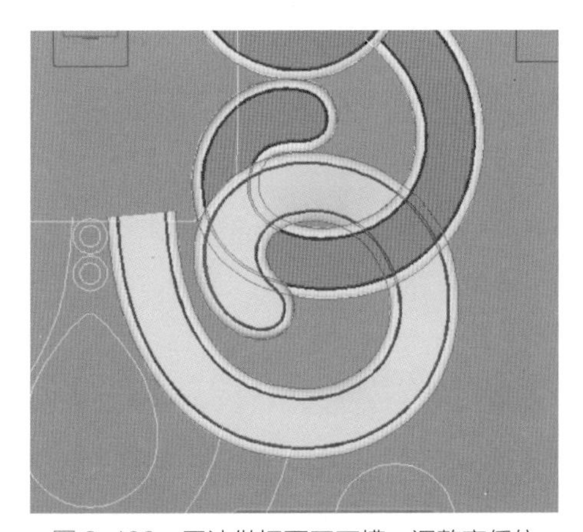

图 3-108 同法做切面开石槽、调整高低位

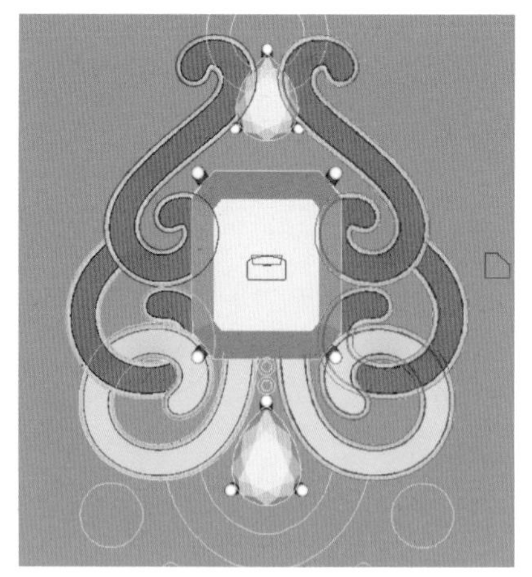

图 3-109 镜像复制

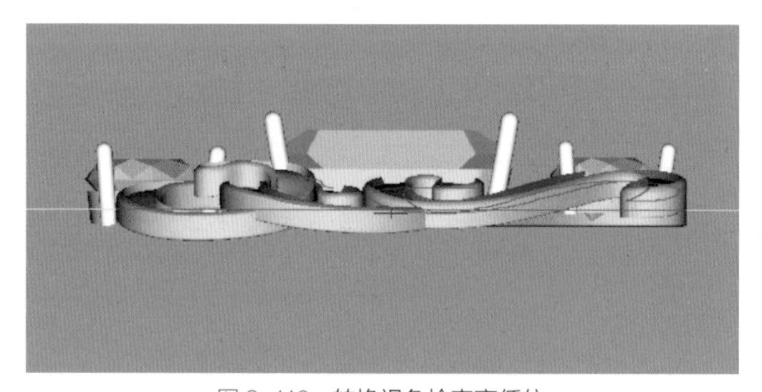

图 3-110 转换视角检查高低位

（5）制作圈环。将主石和水滴形宝石的镶口相扣（图 3-111 ～图 3-114）。

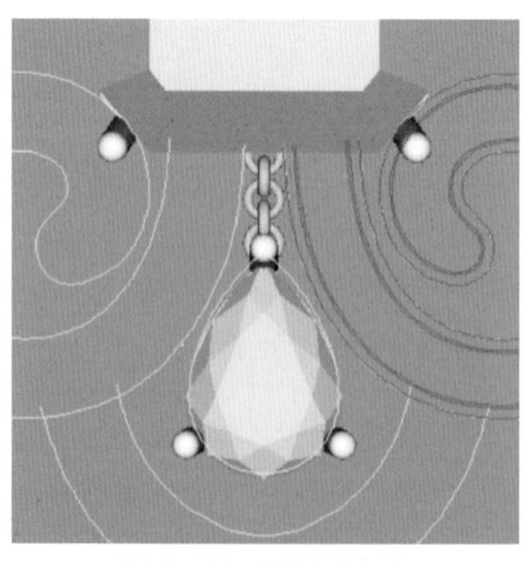

图 3-111 正视图连接

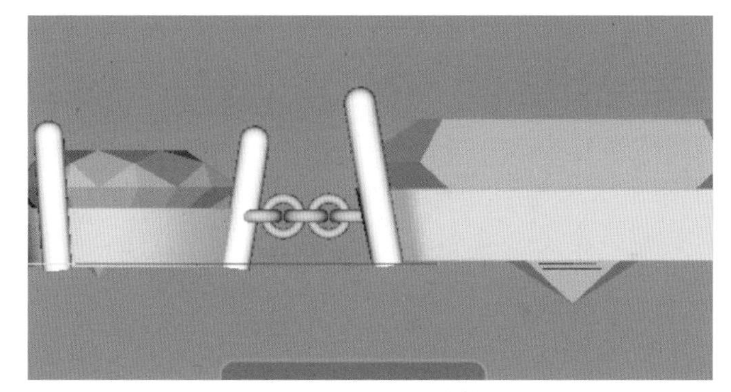

图 3-112　右视图连接

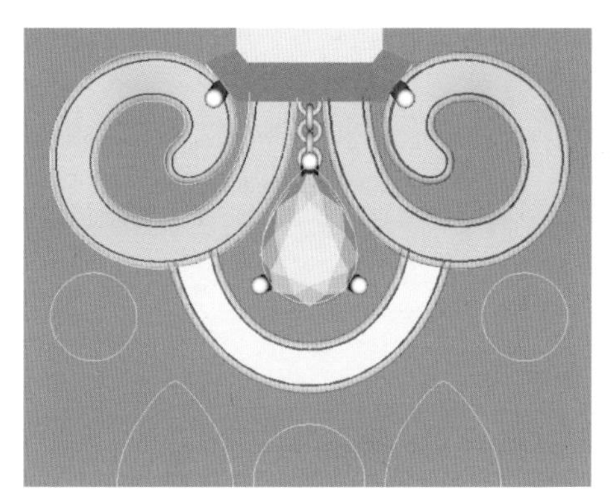

图 3-113　在正视图制作圈环

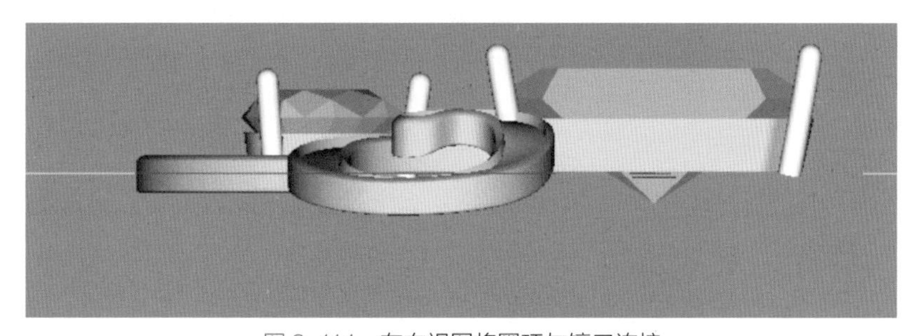

图 3-114　在右视图将圈环与镶口连接

（6）对所有金属带外侧轮廓线延边描线（要用任意曲线一条完成，封口命令封口），完成夹层曲线绘制（图 3-115）。

（7）夹层曲线向内偏移组成双导轨。用双导轨单切面、方形切面，完成夹层的绘制（做出夹层固定，为避免受力不足导致变形）（图 3-116～图 3-118）。

图 3-115　夹层外轮廓线

图 3-116　夹层内轮廓线

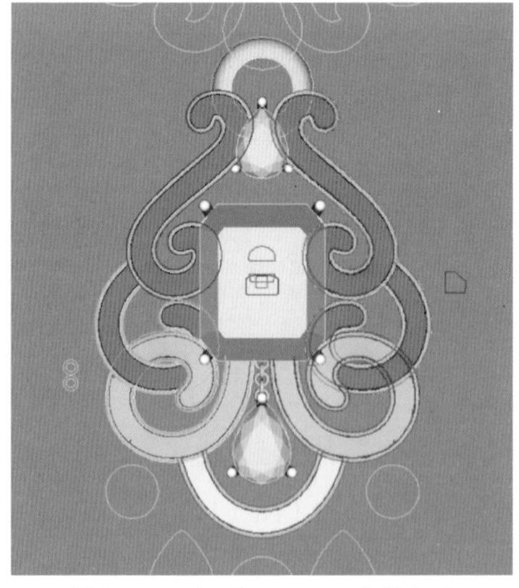

图 3-117　方形切面、双导轨做夹层

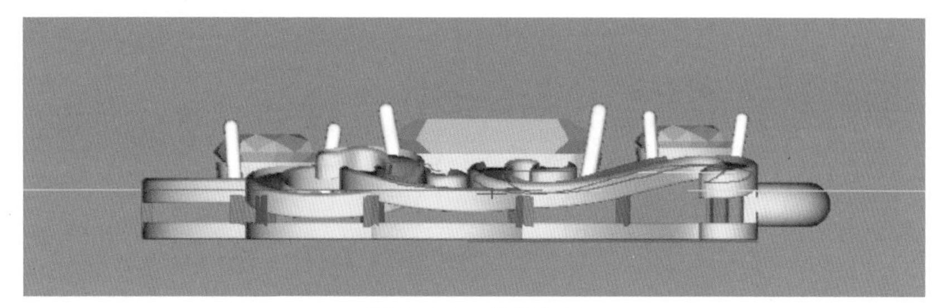

图 3-118 检视夹层

（8）依据以上步骤，完成吊坠左右两侧部分金属带的绘制（图 3-119～图 3-124）。

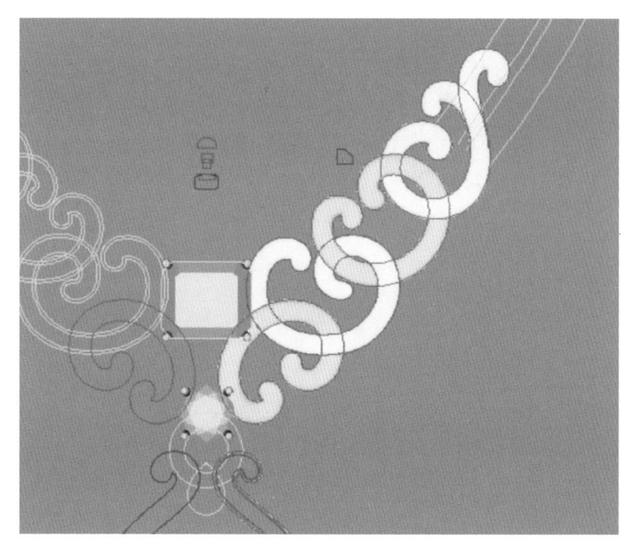

图 3-119 制作主石右侧金属带

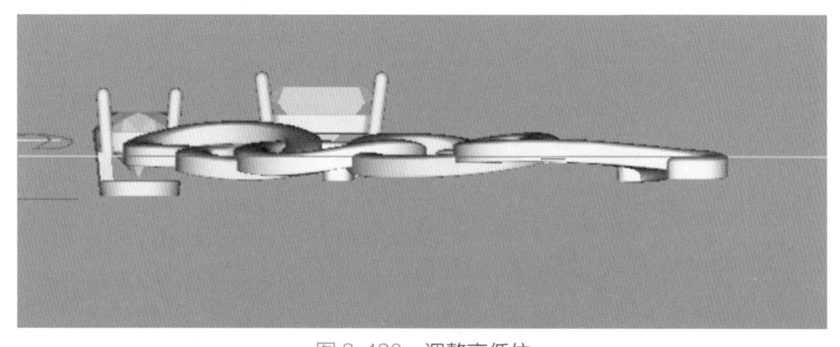

图 3-120 调整高低位

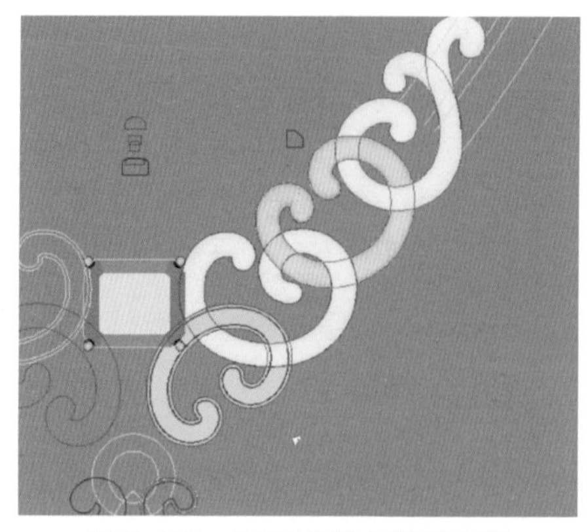

图 3-121　主石右侧金属带开石槽

图 3-122　同上步骤依次开石槽（一）

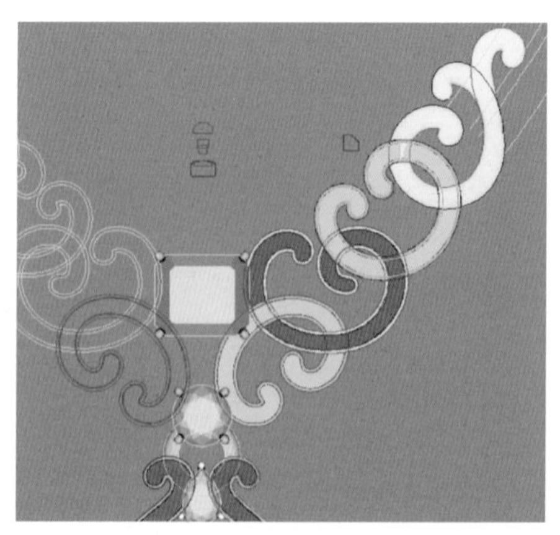

图 3-123　同上步骤依次开石槽（二）

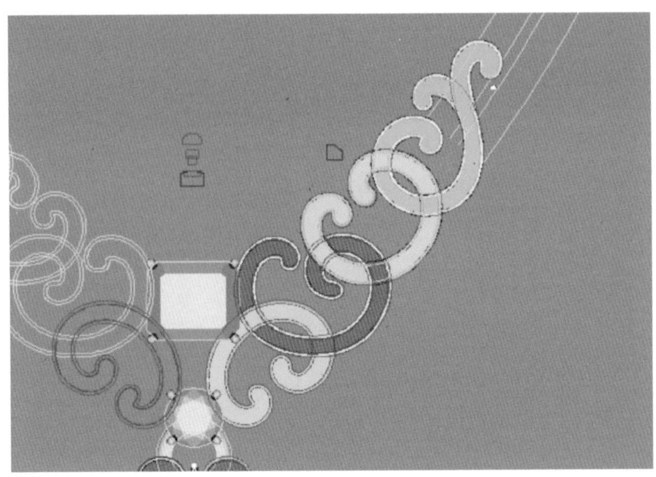

图 3-124 同上步骤依次开石槽（三）

（9）依据以上步骤，完成珠链中间部分金属带的绘制（图 3-125、图 3-126）。

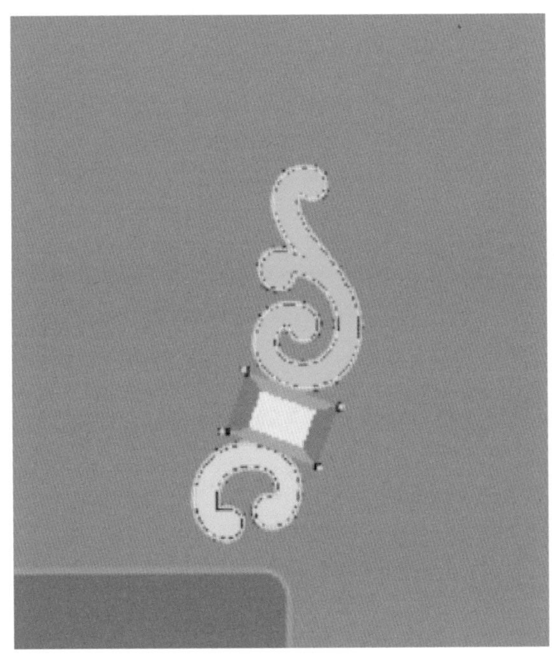

图 3-125 同法做珠链中间部分石槽

（10）依据以上步骤，完成扣头金属带的绘制（图 3-127、图 3-128）。

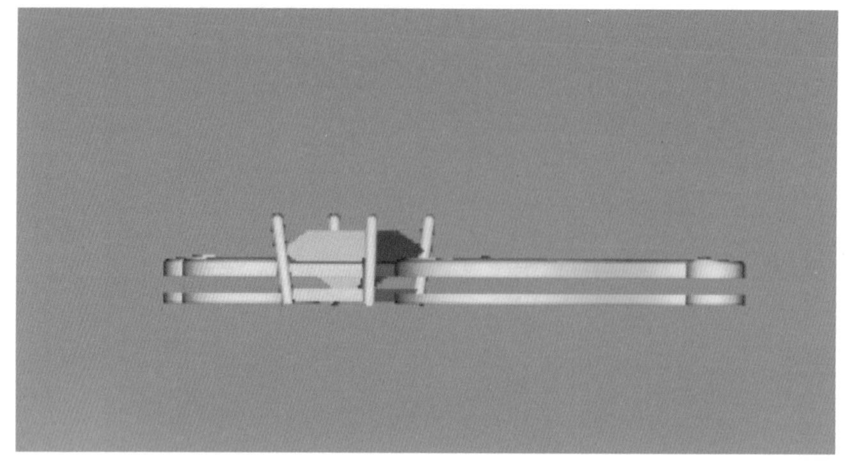

图 3-126　同法做珠链中间部分夹层右视图

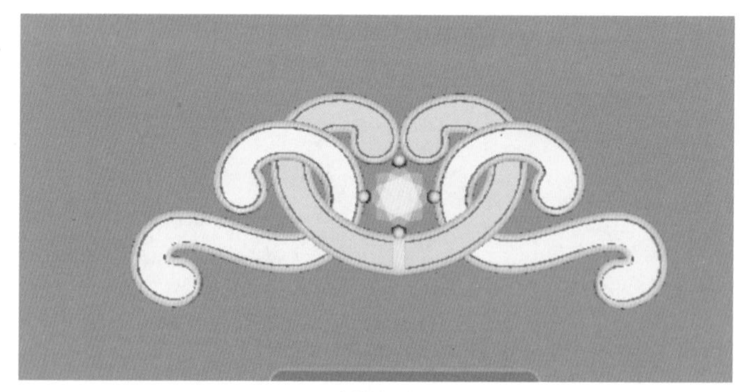

图 3-127　同法做扣头的石槽和镶口

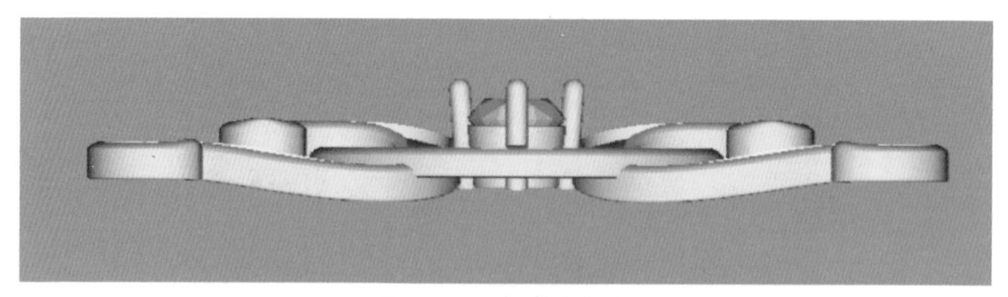

图 3-128　调整高低位

（11）在槽内用剪切命令，排合适大小的石头，并完成开孔（石头与石头相隔 0.2mm）（图 3-129）。

图 3-129 绘制圆线连接

（12）在排好石头后加上圆钉（吃石 0.1 ～ 0.2mm）（图 3-130 ～图 3-135）。

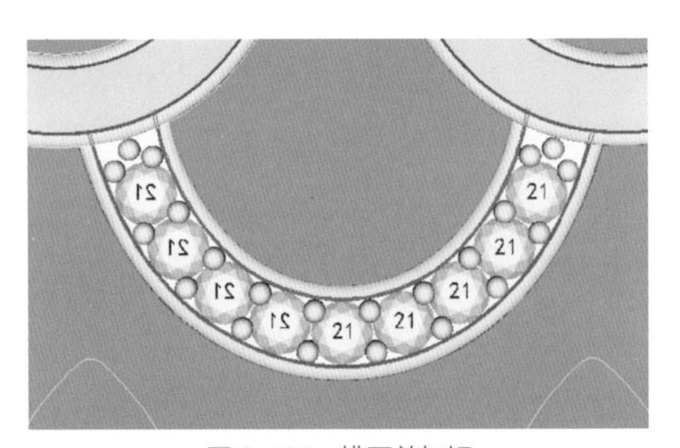

图 3-130 排石并加钉

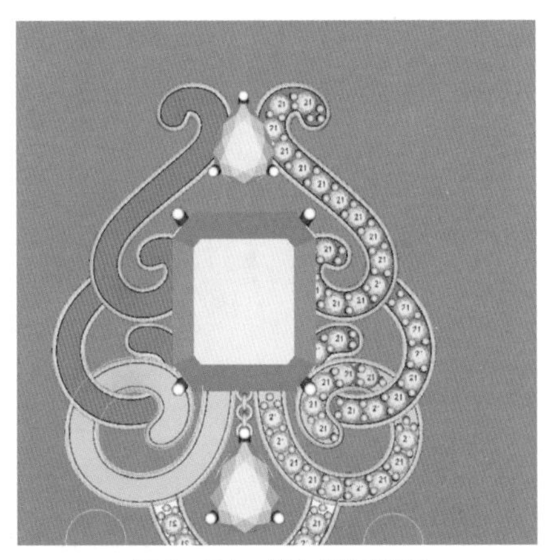

图 3-131 依次进行排石

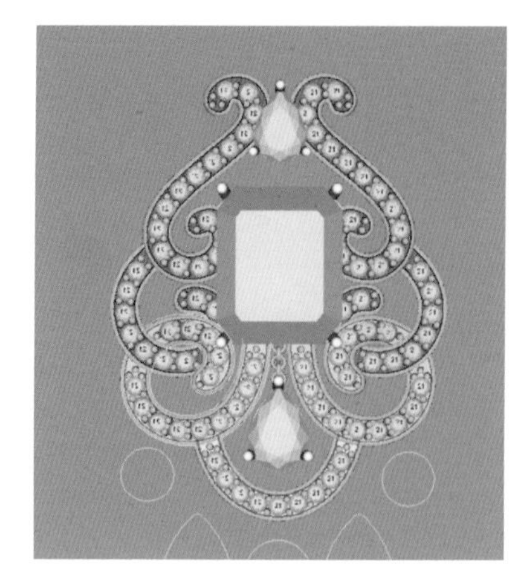

图 3-132 镜像复制

图 3-133 做主石左右两侧部分的排石

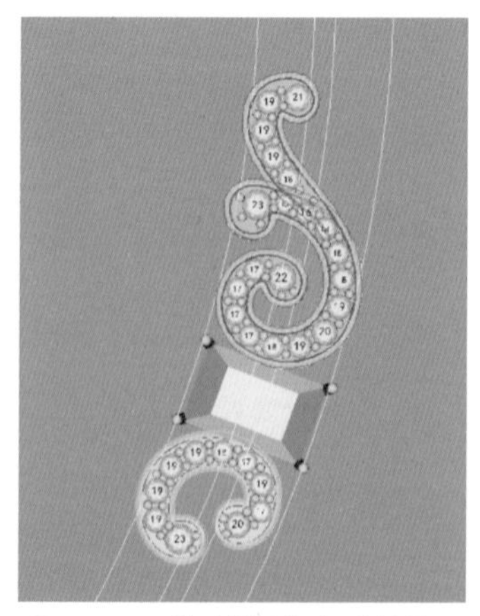

图 3-134 做珠链中间部分的排石

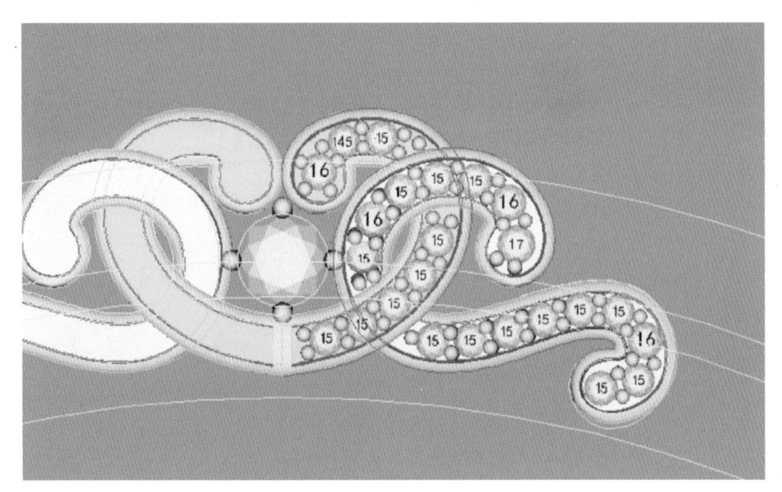

图 3-135　做扣头的排石

（13）最后在初始描好线的位置，加上圆珠（图 3-136）。

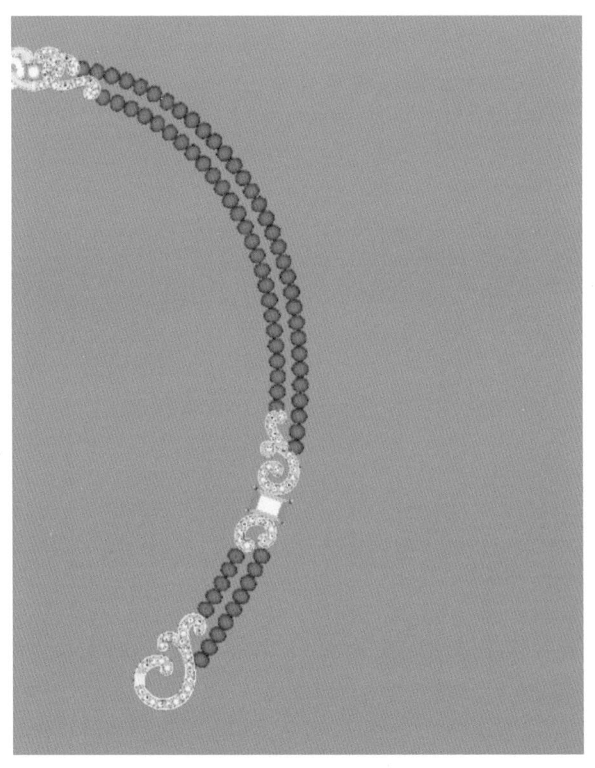

图 3-136　绘制圆珠

（14）对称的部分，通过左右镜像复制完成（图 3-137 ～图 3-139）。

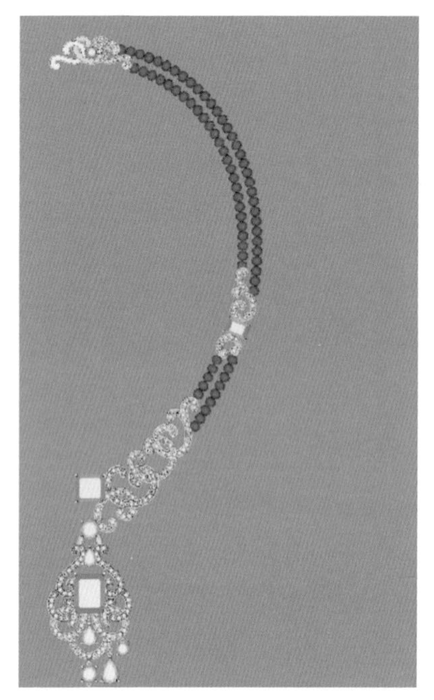

图 3-137　完成项链右侧

图 3-138　镜像复制主石吊饰部分

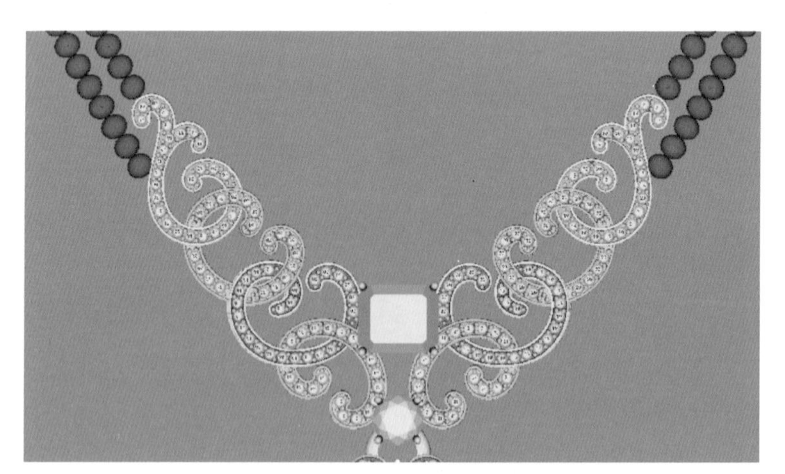

图 3-139　镜像复制主石两侧部分

（15）旋转检查。确认后得到完整的项链起版图（图 3-140，图 3-141）。

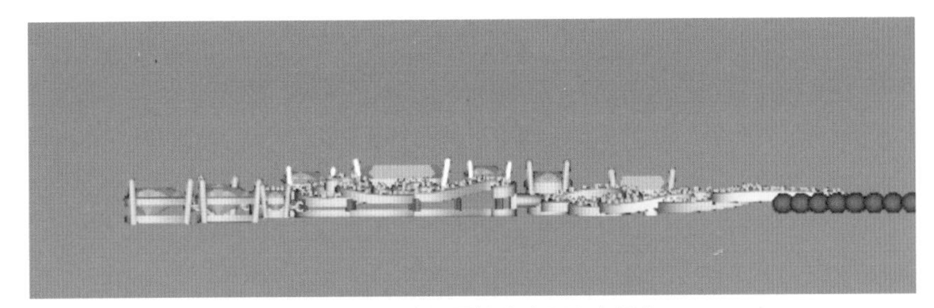

图 3-140 右视图检查夹层和高低位

图 3-141 完成起版图